全球碳信用发展报告
（2022）

Global Carbon Credit Development Report (2022)

刘 志 梅德文 戴 璟 主编

U0252982

清華大学出版社
北 京

图书在版编目（CIP）数据

全球碳信用发展报告 . 2022 / 刘志，梅德文，戴璟主编 . —北京：清华大学出版社，2024.5
ISBN 978-7-302-66337-9

Ⅰ . ①全… Ⅱ . ①刘… ②梅… ③戴… Ⅲ . ①二氧化碳－信用－研究报告－世界－ 2022
Ⅳ . ① X510.6

中国国家版本馆 CIP 数据核字 (2024) 第 106596 号

责任编辑：纪海虹
封面设计：何凤霞
责任校对：王荣静
责任印制：刘　菲

出版发行：清华大学出版社
　　　　　网　　　址：https://www.tup.com.cn，https://www.wqxuetang.com
　　　　　地　　　址：北京清华大学学研大厦 A 座　　　　　　邮　　编：100084
　　　　　社 总 机：010-83470000　　　　　　　　　　　　邮　　购：010-62786544
　　　　　投稿与读者服务：010-62776969，c-service@tup.tsinghua.edu.cn
　　　　　质 量 反 馈：010-62772015，zhiliang@tup.tsinghua.edu.cn
印 装 者：北京联兴盛业印刷股份有限公司
经　　销：全国新华书店
开　　本：185mm×260mm　　　　**印　　张**：6.5　　　　**字　　数**：98 千字
版　　次：2024 年 6 月第 1 版　　　　**印　　次**：2024 年 6 月第 1 次印刷
定　　价：98.00 元

产品编号：103891-01

本报告由清华大学能源互联网创新研究院、北京绿色交易所有限公司、北京绿色金融协会、国网新能源云碳中和创新中心、北京壹清能环科技有限公司联合编写。

前　言
FOREWORD

时光荏苒，2022 年成为我们全球共同努力的重要一年，特别是对于我国而言，这一年我们在碳达峰和碳中和的道路上迈出了坚实的步伐。在党的二十大报告中，我国郑重承诺将积极稳妥推进碳达峰和碳中和，成为全球负责任的大国，积极参与全球治理应对气候变化。这一决策不仅对我国自身发展提出更高要求，也为我们在全球碳减排事业中扮演更积极的角色提供了机遇与挑战。

作为这一宏伟目标的一部分，碳信用逐渐跻身重要的碳资产形态，架起了连接全球碳市场的桥梁，助力碳中和目标的实现。在经历了全球能源紧张的考验后，我们看到即便面对重大的地缘政治事件，人类对构建可持续发展的世界愿景并未改变。相反，我们更加迫切地探求如何借助碳信用加速这一愿景的实现。我国积极融入全球碳信用市场，为构建更有效的碳减排市场和推动低碳技术的创新贡献力量。

为了全面展现碳信用市场的发展情况，清华大学能源互联网创新研究院、北京绿色交易所有限公司、北京绿色金融协会、国网新能源云碳中和创新中心、北京壹清能环科技有限公司联合编制了这份报告。我们旨在向读者介绍碳信用市场的现状，并通过深入的分析揭示市场的发展趋势，以帮助市场参与者更准确地理解和参与碳信用市场。此外，我们希望为制定更科学的碳减排政策提供参考，推动市场的健康、持续发展。

报告中详细阐述了碳信用市场的国际国内机制，包括联合履约机制、清洁发展机制、独立机制和区域机制。目前，全球存在几十种不同类型的碳信用机制，其中清洁发展机制（CDM）、核证碳标准（VCS）和国家核证自愿减排量（CCER）等是备受关注的机制。我们通过深入分析这些机制，力求为读者呈现一个全景的碳信用市场。

在碳信用市场的交易现状方面，我们看到随着《巴黎协定》的生效，全球自愿碳市场的交易量和交易额迅速增长。2021年，全球自愿碳市场交易量和交易额分别接近5亿吨和20亿美元，较2020年大幅增长。这一趋势在国内碳市场同样显著，截至2021年年底，CCER的累计交易量达到4.41亿吨，表明国内碳市场的活跃度逐步提升。

值得注意的是，2023年10月19日，生态环境部发布了《温室气体自愿减排交易管理办法（试行）》意见的通知，表达了我国启动全国温室气体自愿减排交易市场的决心。这为我国碳信用市场的快速发展提供了政策的支持。

然而，我国碳信用市场在发展过程中仍面临一系列问题，如管理体系不健全、能力建设不足、参与主体及供需结构与交易方式单一等。为了更好地解决这些问题，我们在报告中提出了五方面的建议，包括加强组织管理体系建设、强化完善制度体系建设、推进有效市场体系建设、推动技术支撑体系建设以及加强国际合作体系建设。这些建议旨在为我国自愿碳市场发展提供有力支持，使其更好地服务于全球气候变化应对的大局。

本报告除了编写组成员的共同努力外，还得到了能源互联网创新研究院张琴老师、王薪尧老师的大力支持，在此表示感谢。同时还要感谢清华大学出版社的纪海虹老师，给出了很多建设性意见。

本报告读者可根据需要深入研读，也欢迎各界专家深入交流探讨，不足之处请予以指正。

编 者

2023 年 12 月

目 录
CONTENTS

1 执行摘要 ·· 1

2 碳信用发展环境的重要变化 ································· 6

  2.1 国际碳信用发展环境的重要变化 ························· 6

    2.1.1 做出碳中和承诺的国家和组织数量上升 ············· 6

    2.1.2 俄乌冲突引发全球化石能源与碳价格发生变化·········· 10

  2.2 我国碳信用发展环境的重要变化 ························· 11

    2.2.1 我国应对气候变化连续施策 ····················· 11

    2.2.2 我国为实现双碳目标建立气候投融资试点 ·········· 14

3 碳信用机制发展现状 ······································ 17

  3.1 国际机制·· 17

  3.2 独立机制·· 20

  3.3 区域、国家和地方机制 ································· 26

  3.4 我国碳信用机制现状····································· 30

    3.4.1 国家核证自愿减排量 ··························· 30

    3.4.2 碳普惠机制 ·································· 31

4 碳信用项目发展现状 ··· 34

4.1 碳信用机制方法学总览 ··· 35

4.2 碳信用项目概览 ·· 38
    4.2.1 碳信用项目数量对比 ······································ 38
    4.2.2 碳信用项目分布 ·· 38
    4.2.3 碳信用项目类型分析 ······································ 43

4.3 碳信用预测与签发量 ·· 47
    4.3.1 碳信用项目预计减排量 ···································· 47
    4.3.2 碳信用项目签发量 ·· 55

4.4 碳信用交易现状 ·· 58
    4.4.1 国际现状 ·· 58
    4.4.2 我国现状 ·· 61

4.5 小结 ·· 64

5 碳信用发展趋势与建议 ··· 65

5.1 全球碳信用发展面临的挑战 ····································· 65

5.2 全球碳信用发展趋势 ·· 66
    5.2.1 碳信用市场加快融合 ······································ 67
    5.2.2 碳信用评价体系稳步建立 ··································· 68
    5.2.3 技术引领碳信用发展 ······································ 69

5.3 我国碳信用发展建议 ·· 72

附录 A 区块链技术在碳信用市场的应用 ·························· 74

A.1 区块链技术应用背景 ·· 74
    A.1.1 增强信息透明度 ·· 74
    A.1.2 降低监管及执行成本 ······································ 75
    A.1.3 促进全球碳价形成 ·· 75

A.2　区块链技术发展历程 ························· 75
　A.2.1　试点探索阶段（2016—2020 年） ··········· 75
　A.2.2　爆发增长阶段（2021—2022 年） ··········· 76
　A.2.3　合规发展阶段（2022 年至今） ············ 78
　A.2.4　区块链技术应用当前面临的挑战 ········· 80

A.3　基于区块链技术运行碳信用分析 ············· 81
　A.3.1　发行规模 ······················· 81
　A.3.2　项目类型分析 ···················· 81
　A.3.3　发行国家分析 ···················· 83
　A.3.4　签发时间分析 ···················· 85
　A.3.5　小结 ························· 87

A.4　区块链技术应用展望 ···················· 87
　A.4.1　国际机构认可度提升 ················· 87
　A.4.2　跨国巨头试点加快 ·················· 88
　A.4.3　市场监管不断加强 ·················· 88

附录 B　术语表 ························· 90

图表目录
CONTENTS

表 2-1　主要国家碳排放峰值与碳中和时间 ·· 9

图 2-1　我国应对气候变化连续施策 ··· 13

表 3-1　主要碳信用机制基本信息汇总 ·· 29

表 4-1　八种碳信用机制比较 ··· 34

图 4-1　不同碳信用机制下的项目数量 ·· 38

图 4-2　不同碳信用机制的全球项目区域分布 ·· 39

图 4-3　不同碳信用机制的全球项目区域分布占比 ······································ 41

图 4-4　不同碳信用机制的全球项目类型分布 ·· 43

图 4-5　不同碳信用机制的中国项目类型分布 ·· 46

图 4-6　不同碳信用机制的预计年减排量 ·· 48

图 4-7　不同碳信用机制的全球预计年减排量分布 ······································ 48

图 4-8　不同碳信用机制的中国各省级行政区预计年减排量分布 ···················· 49

图 4-9　不同碳信用机制的全球项目类型预计年减排量 ································· 52

图 4-10　不同碳信用机制的中国项目类型预计年减排量 ······························ 53

表 4-2　近 18 年不同碳信用机制下的全球碳信用签发总量 ··························· 55

图 4-11　近 18 年不同碳信用机制的全球碳信用签发量变化趋势 ···················· 56

图 4-12　不同碳信用机制的全球碳信用签发量分布 ····································· 56

表 4-3　历年交易数据统计表（2006—2021 年） ······································· 58

图 4-13　历年交易量与交易额 ·· 59

图 4-14　碳信用项目交易类型（2020 年、2021 年） ·································· 60

表 4-4　主要类型项目交易数据统计（2020 年、2021 年） ·························· 61

表 4-5 中国碳信用项目累计交易量（2021 年、2022 年）·········62

表 4-6 中国碳信用项目年度交易量（2020 年、2021 年）·········62

图 4-15 中国碳信用项目交易趋势·········63

表 4-7 中国碳信用项目交易量及交易额发展趋势·········63

图 A-1 主要区块链碳信用项目运行量·········81

图 A-2 不同类别的项目数量·········82

图 A-3 Toucan 的不同类别分析·········82

图 A-4 不同类别下的项目签发量·········83

图 A-5 不同国家的项目数量·········84

图 A-6 不同国家的项目签发量·········85

图 A-7 不同年份项目数量·········86

图 A-8 不同年份项目签发量·········86

执行摘要

党的二十大报告提出，中国作为负责任的大国将积极稳妥推进碳达峰和碳中和，积极参与应对气候变化全球治理。这对我国融入全球碳减排事业、制定更科学的碳减排政策、建设更有效的碳减排市场和发展更先进的低碳技术提出了更高要求。碳信用作为重要的碳资产形态，发挥着链接全球碳市场及助力碳中和的重要作用。碳信用从提出到现在迅速发展，即便在因俄乌冲突而导致的全球能源紧张的情况下，人类对于建设可持续发展的世界的愿景依然没有改变，并不断探求如何利用碳信用加速这一愿景的实现。我国也在积极发展碳信用市场并融入全球体系。

基于上述背景，清华大学能源互联网创新研究院、北京绿色交易所有限公司、北京绿色金融协会、国网新能源云碳中和创新中心、北京壹清能环科技有限公司联合编制本报告，全面介绍碳信用市场发展情况，并对市场发展趋势进行分析，以帮助市场参与者准确深入地理解、参与碳信用市场并提供参考，从而推动碳信用市场健康持续发展。2023 年 7 月 7 日，生态环境部发布《关于公开征求〈温室气体自愿减排交易管理办法（试行）〉意见的通知》，并多次表达了力争 2023 年内启动全国温室气体自愿减排交易市场。

从发展现状看，国际国内碳信用机制庞杂。目前国际上共有几十种不同类型的碳信用机制，仅清洁发展机制（Clean Development Mechanism, CDM）、核证碳标准（Verified Carbon Standard, VCS）、国家核证自愿减排量（Chinese Certified Emission Reduction, CCER）三大机制受理的项目就已经超过 1.6 万个。根据确认或认证的机构不同，碳信用机制分为国际机制、独立机制以及区域机制三大类。其中：①国际机制。主要包括联合履约机制（Joint Implementation, JI）和 CDM。CDM 是发展中国家最早参与的国际机制，截至 2022 年 9 月，该机制成功备案方法学 15 大类共计 272 项；受理项目 8990 个，中国最多，印度次之，主要为能源工业类项目，占项目总量的 83.60%；按项目申请统计，预计年减排量超过 20 亿吨，实际累计签发量 10.7 亿吨。②独立机制。是由私人和独立的第三方组织（通常是非政府组织）管理的碳信用机制，主要包括黄金标准（Gold Standard, GS）、VCS、全球碳理事会（Global Carbon Council, GCC）、气候行动储备方案（Climate Action Reserve, CAR）及美国碳注册登记处（American Carbon Registry, ACR）等。近年来，以 VCS 机制发展最为迅速。截至 2022 年 9 月，该机制除接受 CDM 全部方法学外，备案自有方法学 16 大类共计 51 项；受理项目 3067 个，分布在全球 102 个国家和地区，中国数量最多，印度次之，主要为能源工业类项目，占项目总量的 53%；按项目申请统计，预计年减排量超过 17.3 亿吨，实际累计签发量 9.89 亿吨。③区域机制。由各自辖区内立法机构管辖，通常由区域、国家或地方各级政府进行管理。国家级碳信用机制主要有中国 CCER、韩国抵消机制（Korea Offset Credit, KOC）、日本碳信用机制（J-Credit Scheme, JCS）和澳大利亚减排基金（Australia Emission Reduction Fund, AERF）等；地方级碳信用机制有加拿大艾伯塔省排放抵消体系（Alberta Emission Offset System, AEOS）和美国加州履约抵消计划（Compliance Offset Protocols, COP）；区域级碳信用机制有联合信贷机制（Joint Crediting Mechanism, JCM）、碳普惠机制等。以我国 CCER 为例，截至 2017 年 3 月暂停申报前（挂网公示），备案方法学 200 项，其中由 CDM 方法学转化 176 项；受理项目 2897 个，其中，备案项目 1052 个，减排量备案项目 254 个，主要为能源工业、废物处置和造林及再造林类项目；以四川、内蒙古和云南三省份项目数量最多；按项目申请统计，预计年减排量为 3.09 亿吨，实际签发量为 0.52 亿吨。

从交易现状看，随着《巴黎协定》的生效，全世界做出碳中和或净零排放承诺的国家、地区和组织数量大量增加，由此带来碳信用市场的量价齐升。①国际。据不完全统计，2021 年全球自愿碳市场交易量和交易额分别接近 5 亿吨和 20

亿美元，较 2020 年分别增长 166% 和 282%；平均交易价格接近 4 美元 / 吨，达到了 2013 年以来的最高点，较 2020 年提高 43.53%[①]；在全球自愿碳中和的浪潮下，独立第三方机制下碳信用签发量增长迅猛，2021 年独立第三方签发碳信用占自愿减排信用签发总量的 74%，与 2015 年的 17% 相比增长 3 倍多；2020—2021 年，8 种项目类别下共有 170 多个项目类型开展了交易，但是不同类型项目交易量和交易价格差异显著，由于市场对"基于自然的解决方案"（Nature-based Solutions, NbS）类项目在促进生态系统修复、保护生物多样性方面作用的认可，森林和土地利用类项目备受青睐，2021 年交易量达到 2.277 亿吨，占 2021 年自愿碳市场总交易量的 46%，价格也相对较高，达到 5.8 美元 / 吨。[②]国内。受全国碳市场开市影响，2021 年 CCER 交易量大幅提升，达到 1.75 亿吨，较 2020 年增长 178.45%，2021 年成交量占比达到 39.45%；但整体看，根据各交易所公布的官方数据，截至 2021 年底，CCER 累计交易量 4.41 亿吨，平均 0.49 亿吨 / 年，整体交易量低，活跃度差。

从发展趋势看，统一和科技赋能成为全球碳信用发展的两大显著特征。①统一。统一具有两方面的含义：市场统一和产品统一。第 26 届格拉斯哥气候大会（26th Conference of the Parties, COP26）完成了《巴黎气候变化协定》第六条的谈判，达成了建立全球统一的自愿碳市场的初步共识；国际航空碳抵消和减排计划（Carbon Offsetting and Reduction Scheme for International Aviation, CORSIA）也从行业层面尝试推动全球碳市场互联互通，并为其他行业构建全球碳交易市场提供借鉴和参考；欧洲能源交易所（European Energy Exchange, EEX）、芝加哥商品交易所（Chicago Mercantile Exchange, CME）、新加坡交易所（Singapore Exchange, SGX）三大国际交易所积极推出标准化的碳信用产品；而全球自愿碳市场扩大工作组（Taskforce on Scaling Voluntary Carbon Markets, TSVCM）基于核心碳原则（Core Carbon Principles, CCP），致力于统一的高诚信度的自愿减排产品和统一的、高透明度、高流动性的自愿减排市场建设；另外，欧盟碳边境调节机制（European Union Carbon Border Adjustment Mechanism, EU CBAM）和

---

① DONOFRIO S, MAGUIRE P, MYERS K, et al. Markets in Motion-State of the Voluntary Carbon Markets 2021 Installment 1 [R/OL]. (2021-09-15) [2022-10-31]. https://www.forest-trends.org/publications/state-of-the-voluntary-carbon-markets-2021/.

《清洁竞争法案》（Clean Competition Act, CCA）也将推动全球碳信用市场的紧密链接。②科技赋能。区块链、物联网、大数据、人工智能、卫星遥感等先进技术助力碳信用"可测量、可报告、可核查"（Measurable, Reportable, and Verifiable, MRV）及交易发展。主要体现在三个方面：一是区块链、物联网技术可以有效地增强信息透明度，降低监管及执行成本，辅助碳信用交易完成；二是大数据、人工智能技术的应用有助于数字化 MRV 进程加快及交叉验证；三是卫星遥感监测技术应用有助于提升碳汇评估及减排量测算能力。

从存在问题看，尽管碳信用发展迅速，但当前仍面临包括体系不统一、质量及可信度差、市场需求不足、额外性脆弱性极限评估复杂等方面的挑战。为更好地解决所面临的问题，推动国内自愿碳市场发展并与国际接轨，提升 CCER 质量，本报告从以下五个方面给予建议：一是加强组织管理体系建设。建立国家、省、市三级行政管理体系，加强政策制定和监督管理职责，并构建质量管理体系和加强第三方审定核证机构管理。同时，建立监管规定，评估和监测审定核查机构的绩效，并推动建立 CCER 项目评估专家委员会。二是强化完善制度体系建设。加快形成"1+N+X"政策制度体系，完善标准方法体系并加强现有方法学的梳理、分析和评估，以适应新的发展形势和中国实际。同时，加强社会诚信体系建设，建立严格有效的惩戒机制，保障自愿碳市场交易的平稳、长期运行。三是推进有效市场体系建设。加强高质量 CCER 供给和评级体系建设，建立高质量 CCER 标准和附加标签制度，推进高质量 CCER 项目的可持续发展。完善 CCER 供需及价格机制，加强事前供需分析和事中监测，确保供需平衡。强化 CCER 价格发现机制建设、设定最低价格机制和 CCER 时效机制，并辅以配额拍卖及回购机制，确保碳信用价格的真实性和稳定性。四是推动技术支撑体系建设。发挥政策支持机构、科研院所等的作用，加强行业相关研究以优化论证流程。促进物联网、人工智能、分布式账本等技术的协同应用，加强减排项目数据库和数字评估系统建设，自动化和数字化关键 MRV 流程，实现降本增效并提高数据的一致性、准确性、真实性和透明度。五是加强国际合作体系建设。建立公开透明的项目信息平台并加强信息公开，促进不同信用标准的数据共享，加强与国际碳市场的互联互通，推进一致性碳信用标准及一体化碳信用市场建设，积极参与国际统一碳市场发展并推动 CCER 国际化。

　　区块链技术作为提高碳信用市场效率、可行性和完整性的重要技术路线，对碳信用市场的发展影响深远。因此本报告将区块链技术内容独立成章，作为 2022 年度碳信用追踪的热点话题展开分析与预测。

碳信用发展环境的重要变化

气候变化已经引起世界各国的广泛关注，是关系人类社会可持续发展的根本问题。世界气象组织（World Meteorological Organization, WMO）在 2022 年《全球气候状态报告》中指出 [①]：2015—2022 年是 173 年记录中最热的八个年份，平均温度比工业化之前高出约 1.15（1.12～1.28）℃；2022 年虽然受到拉尼娜现象影响，但仍然在历史温度记录中排名前六。当今世界，全球化使各国间建立了复杂的联系，牵一发而动全身，极端天气、新冠疫情和能源危机等难以预料的事件给全球带来了多重打击，各国正面临全球性的经济衰退风险，制定行之有效的缓解气候变化的政策将变得极具挑战。政府间气候变化专门委员会（Intergovernmental Panel on Climate Change, IPCC）第六次评估报告（AR6）预测 [②]：无论将来温室气体排放水平如何变化，在未来 20 年内全球升温一定会达到 1.5℃；到 21 世纪末，只有实施最严格的减排路径才有可能将增温控制在 1.5℃以下。

2.1 国际碳信用发展环境的重要变化

2.1.1 做出碳中和承诺的国家和组织数量上升

国家层面的气候变化政策与全球气候治理进程密切相关。在联合国主持

---

① ALVAR-BELTRAN J, KENNEOY J J, GIALLETTI A, et al. State of the Global Climate 2022[R].Switzerland, World Meteorological Organization, 2023.
② Intergovernmental Panel on Climate Change. AR6 Synthesis Report: Climate Change 2023[R]. Switzerland, IPCC, 2023.

下，各国先后通过谈判制定了《联合国气候变化框架公约》（United Nations Framework Convention on Climate Change, UNFCCC）（1992 年）、《京都议定书》（Kyoto Protocol）（1997 年）和《巴黎协定》（Paris Agreement）（2015 年）三个应对气候变化的关键性国际法律文件。《巴黎协定》呼吁各国在 21 世纪末把全球平均气温升幅控制在工业化前水平以上低于 2℃，并争取控制在 1.5℃之内，并直接促使公约各缔约方根据各自国情和发展阶段确定了应对气候变化的行动目标，即"国家自主贡献"（Nationally Determined Contributions, NDC），并且各个缔约方应该每五年通报一次本国的 NDC。2017 年，29 个国家在"同一个星球"峰会上签署《碳中和联盟声明》（Carbon Neutrality Coalition），提出 21 世纪中叶实现净零碳排放的承诺[①]。2019 年，66 个国家在联合国气候行动峰会上承诺碳中和目标并组成"气候雄心联盟"（Climate Ambition Alliance），自此，越来越多的国家开始为应对气候变化制定相关的政策，把碳中和作为扩大国际政治影响、提高经济竞争力、实现绿色复苏等方面的重要抓手。

欧盟早期一直在全球气候治理中扮演着发起者、推动者和领导者等角色。在 2009 年哥本哈根气候大会期间，欧盟试图将自己的观念和政策强加给其他国家的做法导致其与许多国家的双边关系恶化，并对国际多边气候政策合作带来障碍[②]，这动摇了其在全球气候治理中的主导地位。为了重返全球气候治理中心，它开始重视与新兴经济体的合作，大力推行气候外交。在 2015 年巴黎气候谈判的关键期，欧盟宣布与 79 个非洲国家、加勒比与太平洋国家（African, Caribbean and Pacific Group of States, ACP）结盟，并投入 4.75 亿欧元，承诺加快国家气候行动以促进达成更具雄心的巴黎协议[③]。然而自 2016 年以来，欧盟先后经历了英国脱欧，意大利修宪被否，法国、荷兰极右势力抬头等事件，"逆全球化"风潮冲击着全球气候治理，发达国家已无力或不愿意继续承担越来越高昂的减排成本，于是国内保守主义主张贸易保护、贸易壁垒等政策。2019 年末，欧盟新一届委员会

[①] Carbon Neutrality Coalition. The Declaration of the Carbon Neutrality Coalition[EB/OL]. (2017-12-01) [2022-10-31]. https://carbon-neutrality.globol/the declaration/.
[②] 薛彦平. 欧盟气候变化政策的实施与问题 [EB/OL]. (2013-04-10) [2022-10-31]. http://ies.cssn.cn/wz/yjcg/ozkj/201304/t20130410_2458498.shtml.
[③] 张中祥，张钟毓. 全球气候治理体系演进及新旧体系的特征差异比较研究 [J]. 国外社会科学，2021(5): 138-150.

出台了《欧洲绿色协定》（European Green Deal），针对能源、工业、建筑、交通、农业及环境保护等不同经济发展领域制定了具体变革举措，提出了 2050 年实现碳中和的承诺，其宗旨是努力使欧洲各国经济增长摆脱对化石资源的依赖，推动欧洲经济继续走向绿色可持续发展的道路[①]，这是应对气候变化卓有成效的政策和措施。

美国的气候政策随总统的换届呈现非连续性的特点，具有浓厚的政治特色。特朗普于 2016 年出任总统后，曾高调推出《美国优先能源计划》（America First Energy Plan）[②]，提出重振美国化石能源产业并全盘否定前任总统奥巴马应对气候变化的政策，终止《清洁电力计划》（Clean Power Plan），签署《推动能源独立和经济增长的总统行政令》，大幅削减与气候变化相关的政策和科研项目预算并且重用反对积极应对气候变化的官员。2017 年 6 月，他在白宫宣布美国将退出《巴黎协定》。2021 年 1 月，拜登总统在上任一周后便签署《关于应对国内外气候危机的总统行政令》，2 月美国正式重新加入《巴黎协定》。2022 年 8 月，经过长时间努力，拜登总统正式签订《削减通胀法案》（Inflation Reduction Act），其中包含对可再生能源的财政支持措施。拜登新气候计划不仅指出了应对气候危机刻不容缓，同时也指出在当下受到疫情影响的困难时刻，美国有机会在复苏重建的过程中建立一个更有韧性、更可持续的经济体系，使美国实现不晚于 2050 年净零排放的承诺[③]。

2021 年 4 月，在美国主办的领导人气候峰会上，38 个国家就碳排放量问题做出承诺[④]，其中，美国承诺 2030 年比 2005 年减少 50%～52% 碳排放，到 2050 年实现净零排放；加拿大承诺 2030 年比 2005 年减少 40%～45% 碳排放；日本承诺 2030 年比 2013 年减少 46% 碳排放量；英国承诺 2035 年比 1990 年减少 78% 碳排放量；巴西承诺在 2050 年前实现碳中和。同年 11 月 UNFCCC 第 26 次缔约

① 刘学之，魏昭月.《欧洲绿色协定》的实施进程及影响因素分析 [J/OL]. 可持续发展金融前沿，2021(11): 29-39 [2022-10-31]. https://nsd.pku.edu.cn/sylm/xw/518641.htm.
② 边文越. 特朗普政府提出"美国优先能源计划" [EB/OL]. (2017-06-30)[2022-10-31]. http://www.casisd.cn/zkcg/ydkb/kjzcyzxkb/2017/201703/201706/t20170630_4820570.html.
③ 钱立华，方琦，鲁政委. 美国政策观察 | 拜登政府气候行动与计划：贸易政策与气候目标相结合 [EB/OL]. (2021-02-02) [2022-10-31]. https://user.guancha.cn/main/content?id=457957.
④ 新华网. 领导人气候峰会聚焦加强国际合作 [EB/OL]. (2021-04-23) [2022-10-31]. http://www.xinhuanet.com/politics/2021-04/23/c_1127364298.htm.

方大会（COP26）召开前后，俄罗斯、印度、沙特等国家纷纷提出碳中和目标[①]，参与国际碳中和行动的队伍进一步壮大，其中大会谈判的《巴黎协定》第六条细则为全球碳交易奠定了制度基础。

截至 2022 年 10 月，全球已有 138 个国家、116 个地区、241 个城市和 795 个企业提出"零碳"或"碳中和"气候承诺[②]。不丹、苏里南和柬埔寨等国家已实现碳中和，欧盟、英国、加拿大、日本、新西兰、南非等国家计划到 2050 年实现碳中和，提出碳中和的国家中，法国、英国、瑞典、丹麦、新西兰、匈牙利等国家已将碳中和写入法规，大部分国家和地区还在立法过程或者政策宣示过程中[③]，本报告也对主要国家碳达峰和碳中和时间进行了统计（表 2-1）。与此同时，"气候雄心""零碳竞赛"也得到国际联盟、团体及诸多国际知名企业的积极响应，世界银行、国际货币基金组织、世贸组织、国际可再生能源机构等多数全球各大领域主要组织或机制对碳中和持积极立场；除苹果、亚马逊、杜邦等国际知名企业外，道达尔、BP、壳牌等国际石油公司也纷纷制定碳中和目标。国际碳中和行动有着广泛的社会基础，对全球气候治理乃至国际政治经济格局产生了重要影响。

表 2-1 主要国家碳排放峰值与碳中和时间

国　　家	达峰值 / 亿吨	达峰时间（年份）	中和时间（年份）	净零用时 / 年
英国	7.3	1990	2050	60
法国	4.7	1990	2050	60
欧盟	41.9	1990	2050	60
德国	10.8	1990	2045	55
芬兰	0.4	1990	2035	45
美国	63.5	2005	2050	45
日本	13	2013	2050	37
韩国	6.7	2018	2050	32
中国	>100	2030	2060	30

注：数据来自世界资源研究所（World Resources Institute, WRI）建立的碳排数据网[④]，各国按达峰时间排名。

---

① 联合国 . COP26：同住地球，共助地球 [EB/OL]. (2011-11-12) [2022-10-31]. https://www.un.org/zh/climatechange/cop26.

② Net Zero Tracker Net zero numbers[EB/OL]. (2022-05-30) [2022-10-31]. https://zerotracker.net/.

③ 同②

④ World Resources Institute. Climate Watch[EB/OL]. (2022-05-30) [2022-10-31]. https://www.climatewatchdata.org/.

2.1.2　俄乌冲突引发全球化石能源与碳价格发生变化

2022 年 2 月爆发的俄乌冲突是世界百年变局的标志性事件，它作为关键力量推动国际社会地缘政治变化，加速世界政治经济格局演变。[①] 由于欧美等国家和地区对俄罗斯采取一系列制裁措施，致使能源、农产品以及金属矿物质等国际大宗商品价格飙升，国际贸易格局发生较大的变化。

能源价格显著上升。俄乌冲突爆发后，俄罗斯油气出口预期大幅下降，市场对油气供应紧张的担忧加剧，导致全球能源价格大幅上涨[②]。冲突当天，布伦特原油期货和纽约原油期货价格都突破 100 美元 / 桶关口，并保持 100 ～ 130 美元 / 桶区间高位震荡[③]。冲突后一周，荷兰 TTF 天然气期货价格上涨 120%，收盘价 227 欧元 /mWh[④]。受天然气价格影响，欧洲十几个国家的实时电价最高超过 600 欧元 /mWh，同比上涨 8 ～ 10 倍[⑤]。国际能源署预测，受此影响，2022 年欧洲天然气消费将降低 6%，世界天然气消费也将小幅下降[⑥]，而据欧盟公布的数据显示，其 2022 天然气需求下降了 13.2%[⑦]。世界银行预测，直到 2024 年底，全球能源价格将一直维持高位，且远高于近五年平均价格[⑧]。

能源结构正在发生变化。俄乌冲突给欧洲能源结构向非化石燃料转型创造了额外动力。由于欧洲能源价格将在长时间内保持高位水平，投资建造新的可再生能源

---

① 保建云 . 百年变局下的俄乌冲突与世界格局演变——马克思主义国际政治经济学视角的分析 [J]. 当代世界与社会主义 , 2022 (4): 14-20.

② 刘泽洪，阎志鹏，侯宇 . 俄乌冲突对世界能源发展的影响与启示 [J]. 全球能源互联网，2022, 5(4): 309-317.

③ Intercontinental Exchange. Brent crude futures [DB/OL]. (2022-02-15) [2022-10-31]. https://www.theice.com/products/219/.

④ Intercontinental Exchange. Dutch TTF gas futures [DB/OL]. (2022-02-22) [2022-10-31]. https://www.theice.com/products/27996665/Dutch-TTF-Gas-Futures/data?marketId=5396828.

⑤ Fraunhofer Institute for Solar Energy Systems. Energy charts [DB/OL]. (2022-02-23) [2022-10-31]. https://www.energy-charts.info/?l=de&c=DE.

⑥ International Energy Agency. Gas market report [R]. Paris: IEA, 2022.

⑦ Eurostat Natural gas demand down 13% in 2022 in cutback efforts [EB/OL]. (2023-05-04) [2023-05-19]. https://ec.europa.eu/eurostat/web/products-eurostat-news/w/ddn-20230504-2#.

⑧ World Bank Group. Commodity markets outlook[M]. Washington D C: World Bank, 2020.

有望成为最经济的选择。欧盟采取了"可持续性和弹性"齐头并进的能源政策[①]。短期措施的重点是使天然气供应多样化，确保欧洲在冬天有足够的天然气储备，从而使消费者和企业免受电价飙升的影响。但中长期的结构性措施都与能源转型相关，比如加快可再生能源建设，通过推出热泵实现供暖电气化，增加绿色氢气，以及解决建筑物的能源效率问题等。这些举措有利于加速能源转型进程，从而逐步摆脱对化石能源的依赖。

碳市场价格波动明显。俄乌冲突后，欧洲天然气价格升高却伴随碳价的短期骤降，欧盟碳配额标杆合约自 2022 年 2 月 24 日连续暴跌，在 3 月 2 日跌至 55 欧元/吨，比一周前的 95 欧元/吨价位跌去近一半，跌至谷底[②]，随即回升至 80 欧元/吨以上。其背后原因主要有两点[③]：一是企业受局势变化和经济下行压力的影响，出售碳配额以增加现金流，应对生产经营方面的问题，当市场大量抛售碳配额、购买量不及出售量时造成碳价下跌；二是原材料和能源价格的激增会给企业带来更高的生产成本，市场对于未来经济发展的悲观预期会导致企业降低生产量，从而碳排放减少，使碳价下跌。而碳价迅速回升除了有市场稳定储备机制的原因外，还有能源方面的因素。欧洲天然气价格的上涨在短期内会导致欧洲各国增加煤炭能源使用量，以应对因美西方制裁俄罗斯天然气供应中断风险。煤炭使用量的增加会导致更多碳排放，从而碳价上涨。

2.2　我国碳信用发展环境的重要变化

2.2.1　我国应对气候变化连续施策

中国作为负责任的大国，不仅积极参与全球气候治理，而且于国内制定法律法规，切实加快碳减排进程。1992 年，中国作为最早的 10 个缔约方之一签署了

---

①　田丹宇, 高诗颖. 欧洲绿色新政出台背景及其主要内容初步分析 [J/OL]. 气候战略研究简报, 2020(2): 1-9[2022-10-31]. http://www.ncsc.org.cn/yjcg/zlyj/202105/P020210524520993553499.pdf.

②　秦炎, 蔺苑. 俄乌冲突：欧洲碳价腰斩近半至 55 欧，中国碳价坚挺不受战事影响 [EB/OL]. (2022-03-03) [2022-10-31]. http://www.thjj.org/sf_1F22FE33887B4521A9DD8547769 039DD_227_8C0B6735583.html.

③　孙源希. IIGF 观点 | 俄乌冲突对能源格局和应对气候变化的影响分析 [EB/OL]. (2022-09-20) [2022-10-31]. https://iigf.cufe.edu.cn/info/1012/5792.htm.

UNFCCC；1994 年，在《中国 21 世纪议程》中首次提出适应气候变化的议题；1995 年，修正《大气污染防治法》；1998 年，签署《京都议定书》；2005 年，实施《可再生能源法》；2007 年，制定《中国应对气候变化国家方案》，发布《中国应对气候变化科技专项行动》；2008 年，在 COP14 上提出按照"人均累积 CO_2 排放"衡量减排义务的公平性，指出发达国家人均累积 CO_2 排放量是中国人均累积 CO_2 排放量的 7 倍；2009 年，在 COP15 哥本哈根气候大会上提出到 2020 年的自主减排目标：单位国内生产总值（Gross Domestic Product, GDP）二氧化碳排放比 2005 年下降 40%～45%，非化石能源占一次能源消费比重达到 15% 左右，森林面积比 2005 年增加 4000 万公顷，森林蓄积量比 2005 年增加 13 亿立方米；2011 年，发布《"十二五"控制温室气体排放工作方案》；2012 年，发布《节能减排"十二五"规划》，同年在 7 个省（市）开展碳排放权交易试点，在 42 个地区开展低碳试点；2013 年，发布《国家适应气候变化战略》；2014 年，发布《2014—2015 年节能减排低碳发展行动方案》和《国家应对气候变化规划（2014—2020 年）》，同年中国单位 GDP 二氧化碳排放比 2005 年下降 33.8%，非化石能源占一次能源消费比重达到 11.2%，森林面积比 2005 年增加 2160 万公顷，森林蓄积量比 2005 年增加 21.88 亿立方米，水电装机达到 3 亿千瓦（是 2005 年的 2.57 倍），并网风电装机达到 9581 万千瓦（是 2005 年的 90 倍），光伏装机达到 2805 万千瓦（是 2005 年的 400 倍），核电装机达到 1988 万千瓦（是 2005 年的 2.9 倍）[①]。

展望未来的气候变化事业，中国将继续发扬"大国精神"。2015 年，在 COP21 巴黎气候大会提交《强化应对气候变化行动——中国国家自主贡献》，目标是：在 2030 年左右，二氧化碳排放达峰，碳强度比 2005 年下降 60%～65%，非化石能源比重达 20%，森林蓄积量比 2005 年增加 45 亿立方米等；2016 年，发布《"十三五"节能减排综合性工作方案》《能源生产和消费革命战略（2016—2030）》等；2017 年，党的十九大报告指出"推动构建人类命运共同体""引导应对气候变化国际合作，成为全球生态文明建设的重要参与者、贡献者、引领者"[②]；

① 新华社. 强化应对气候变化行动——中国国家自主贡献（全文）[EB/OL]. (2015-06-30) [2022-10-31]. http://www.gov.cn/xinwen/2015-06/30/content_2887330.htm.

② 新华社. 习近平：决胜全面建成小康社会　夺取新时代中国特色社会主义伟大胜利——在中国共产党第十九次全国代表大会上的报告 [EB/OL]. (2017-10-27) [2022-10-31]. http://www.gov.cn/zhuanti/2017-10/27/content_5234876.htm.

2020 年 9 月，在第七十五届联合国大会上承诺：中国将提高 NDC 力度，二氧化碳排放力争于 2030 年前达到峰值，努力争取 2060 年前实现碳中和，"双碳"目标由此诞生；2021 年，国务院印发《2030 年前碳达峰行动方案》[①]；2022 年 1 月，中共中央政治局就努力实现"双碳"目标进行第三十六次集体学习；2022 年 10 月，党的二十大报告中指出，要积极稳妥推进"双碳"事业，有计划分步骤实施碳达峰行动，深入推进能源革命，加强煤炭清洁高效利用，加快规划建设新型能源体系，积极参与应对气候变化全球治理（见图 2-1）。

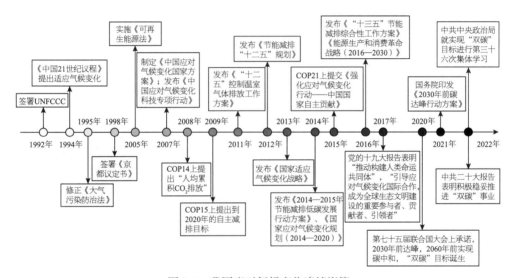

图 2-1　我国应对气候变化连续施策

"双碳"目标的实现是一场广泛而深刻的社会变革，形势紧迫，任务艰巨。我国计划用 30 年的时间实现从全球最大的碳排放体量到净零排放，无疑是一个世界级的挑战。关于破局之处，习近平总书记强调要提高战略思维能力，把系统观念贯穿"双碳"工作全过程，着重处理好四对关系[②]：一是发展和减排的关系。应坚持从生产、流通、分配、消费和再生产全过程来促进发展方式和消费模式转变，长期坚持生态优先、绿色发展为导向的高质量发展新路线。二是整体和局部的关

① 国务院.国务院关于印发 2030 年前碳达峰行动方案的通知（国发〔2021〕23 号）[EB/OL]. (2021-10-26) [2022-10-31]. http://www.gov.cn/zhengce/content/2021/10/26/content_5644984.htm.
② 央视网.锚定"双碳"目标　习近平要求处理好四对关系 [EB/OL]. (2022-01-27) [2022-10-31]. http://www.qstheory.cn/qshyjx/2022/01/27/c_1128305608.htm.

系。要坚持全国一盘棋，以自下而上为依据、自上而下为约束，统筹确定各地区梯次达峰目标任务，实现工业等重点行业尽早达峰。三是长远目标和短期目标的关系。短期看，各地区各行业要结合实际科学设置目标，明确"双碳"的时间表、路线图、施工图，以节能和遏制"两高"项目发展推动减碳任务落实；长期看，要通过经济发展方式转变、产业和能源结构转型促进经济社会系统性变革，建立清洁低碳能源体系。四是政府和市场的关系。积极建立和完善关于生态环境治理新型举国体制，强化科技和制度创新，加快绿色低碳科技革命，持续深化能源和相关领域改革，发挥市场在资源配置中的决定性作用，形成有效激励约束机制[①]。

2.2.2　我国为实现双碳目标建立气候投融资试点

"双碳"目标的实现也是一场巨大的经济变革，将带来巨大的转型投融资需求。能源结构将被调整，传统化石能源将进一步实现清洁化，风能、太阳能和生物质能等新能源会得到大力发展；产业结构将被优化，传统高碳密集型产业面临转型升级，同时将大力发展绿色产业；消费结构将转变，积极培育节能生活方式与社会风尚，鼓励对绿色产品的消费。这种能源、产业和消费结构的优化调整势必会带来绿色能源生产、低碳技术创新和绿色消费引领等相关的转型投融资需求。作为实现"双碳"目标的重要推力，气候投融资（气候金融）作为绿色金融的重要组成部分，将引导和促进更多资金投向应对气候变化领域的投融资活动[②]。

全国范围内气候投融资资金雄厚，但缺少引导机制，易发生资金与项目的错配。"双碳"目标面临庞大的资金需求，不能完全依赖政府资金，还需要市场的支持，但传统的金融市场不能有效地配置绿色发展资源，存在一定程度的"市场失灵"。因此，为了运用市场化手段解决绿色资源供需不匹配的问题，满足实体经济低碳转型带来的巨大投融资需求，金融行业亟须面向绿色经济进行转型，积极引导市场资金流向绿色低碳项目。

---

① 中国环保协会. 发展与减排、整体与局部、政府与市场——实现碳达峰，这些关系怎样处理？[EB/OL]. (2022-05-18) [2022-10-31]. http://zhb.org.cn/lshj/lshj_3/2022-05-18/14409.html.

② 安国俊，陈泽南，梅德文. "双碳"目标下气候投融资最优路径探讨 [J]. 南方金融，2022(2): 3-17.

　　碳金融在气候投融资体系中占有重要位置,能权交易与碳排放权交易的有效配合将带动碳减排、企业绿色转型与绿色金融评价协同市场化发展。碳期货、碳信托、碳保险、碳托管等金融工具,能够让金融机构不断加强自身的创新产品开发能力和在碳交易市场的定价估值能力,推进碳金融的创新和风险管理能力,切实为碳减排等绿色发展领域提供支持。

　　2022年8月10日,生态环境部、国家发改委等9部委联合发布《关于公布气候投融资试点名单的通知》。北京市密云区、通州区,武汉市武昌区,山西省太原市、长治市等12个市,4个区,7个国家级新区,共计23地入选"气候投融资试点"[①]。陕西省西咸新区已绘制出清晰的"路线图"——建成"2413"体系[②]:完善气候投融资政策体系和标准体系;建成气候投融资项目库、气候友好型企业库、碳信息数据库、气候投融资智库;成立承担气候投融资赋能平台建设与功能实现的产业促进中心;打造一批具有西咸特色的低碳项目、一批具有西咸特色的气候投融资金融产品和创新模式,实现气候投融资"快增长"、碳排放强度"稳下降"。武汉市武昌区将培育有利于气候投融资的政策环境,建设"双碳"要素集中登记体系,围绕碳市场大力发展碳金融,培育气候友好型市场主体,创新投融资发展模式和绿色金融机制,推动各类气候投融资资源聚集,从这六大领域加快建设气候投融资[③]。山西省长治市初步培育了155个气候投融资项目,实行动态管理,"十四五"期间预计带动气候投融资489亿元[④]。太原市立足能源重工业城市绿色低碳发展和实现"双碳"目标的要求,筛选出125个气候投融资项目,总投资3980亿元。项目库包含推进调整产业结构降碳、优化能源结构去碳、减污降碳协同增效、资源循环发展助力减碳、基础设施增强韧性和生态系统修复保护等六大工程。

① 生态环境部.关于公布气候投融资试点名单的通知 [EB/OL]. (2022-08-10) [2022-10-31]. https://www.mee.gov.cn/xxgk2018/xxgk/xxgk04/202208/t20220810_991388.html.
② 陕西日报.西咸新区入选国家首批气候投融资试点城市 [EB/OL]. (2022-08-12) [2022-10-31]. http://www.shaanxi.gov.cn/xw/ldx/ds/202208/t20220812_2244562_wap.html.
③ 湖北日报.武昌区入选全国首批气候投融资试点 [EB/OL]. (2022-08-12) [2022-10-31]. https://www.hubei.gov.cn/hbfb/xsqxw/202208/t20220812_4260431.shtml.
④ 山西日报.太原、长治两市成功获得国家气候投融资试点资格 [EB/OL]. (2022-08-09) [2022-10-31]. http://sx.news.cn/2022-08/09/c_1128900072.htm.

　　通过中国气候投融资政府力量与市场力量耦合发力，试点城市与机构运作协调推进，长远目标与短期步骤紧密结合①，可以预期在气候投融资地方试点的推进下，中国会加速积累应对气候变化的金融经验，发挥金融在绿色可持续发展中的气候治理作用，推动"双碳"目标下的绿色金融改革与创新。

---

① 　王文 . 气候投融资与中国绿色金融方向 [J]. 中国金融，2022(12): 14-16.

3

碳信用机制发展现状

　　碳信用机制是一种基于自愿的碳定价工具，通过执行减排活动的项目创造可交易的碳信用。碳信用不仅可以作为控排企业履行减排义务的一部分，也可以作为一种激励措施促进未纳入强制性减排的部门减少排放，通过自愿性碳市场进行碳信用交易可降低减排行动成本，加速自愿性气候行动，帮助各国实现《巴黎协定》下的自主贡献承诺。

　　全球目前有近 30 个碳信用机制，各种机制类型的碳信用注册项目数量从 2019 年的 16 854 个增加到 2020 年的 18 664 个，增比接近 11%，同期签发的碳信用数量也增加了 10%[1]。2021 年新增注册项目数量 1208 个，碳信用签发量由 3.27 亿吨 CO_2e 增至 4.78 亿吨 CO_2e，2021 年 11 月自愿性碳市场首次超 10 亿美元[2]。世界银行根据碳信用的产生方式和机制管理方式，将碳信用机制分为国际机制，独立机制，以及区域、国家和地方机制三类[3]。

3.1　国际机制

　　国际碳信用机制是受国际气候公约制约的机制，通常由国际机构管理。

---

① World Bank Group. State and Trends of Carbon Pricing 2021 [R]. Washington, DC: World Bank, 2021.
② The EM Insights Team. Voluntary Carbon Markets Top USD1 Billion in 2021 with Newly Reported Trades, a Special Ecosystem Marketplace COP26 Bulletin[R/OL]. (2021-11-10) [2022-10-31]. https://www.ecosystemmark-etplace.com/articles/volunt ary-carbon-markets-top-1-billion-in-2021-with-newly-reported-trades-special-ecosystem-marketplace-cop26-bulletin/.
③ World Bank Group. State and Trends of Carbon Pricing 2022 [R]. Washington, DC: World Bank, 2022.

1992 年 6 月，在巴西里约热内卢举行的联合国环境与发展会议（United Nations Conference on Environment and Development, UNCED）（又称地球问题首脑会议）上，联合国政府间谈判委员会就气候变化问题达成了《联合国气候变化框架公约》（UNFCCC）供各国签署，并于 1994 年正式生效。该公约根据发达国家与发展中国家"共同但有区别的责任"的原则，要求发达国家缔约方应当率先应对气候变化及其不利影响，采取具体措施来限制温室气体排放，并且向发展中国家提供资金与技术，帮助发展中国家履行公约义务。

1997 年 12 月，在日本京都举行 UNFCCC 的第三次缔约方大会，149 个国家和地区的代表通过了旨在限制发达国家温室气体排放量以抑制全球变暖的《京都议定书》。《京都议定书》作为 UNFCCC 的补充，强制要求发达国家减排，具有法律约束力，并于 2005 年 2 月 16 日正式生效。《京都议定书》建立起了旨在温室气体减排的三个灵活合作机制——国际排放贸易机制（International Emissions Trading, IET）、联合履约机制（JI）和清洁发展机制（CDM），其中 IET 讨论的是发达国家之间相互交易的碳排放配额，不属于碳信用机制范畴。

联合履约机制（JI）[①]：根据《京都议定书》第 6 条规定，为履行第 3 条承诺，附件一（经济合作发展组织中的所有发达国家和经济转型国家）所列任一缔约方，可以向任何其他此类缔约方转让他们获得的、旨在减少温室气体的项目所产生的减排单位（Emission Reduction Unit, ERU）[②]，ERU 由该缔约方的任何经济部门通过减少各种源的排放或增强各种汇的清除来获得。

联合履约机制受到发达国家的普遍欢迎。一方面，发达国家自身有较严格的减排标准和较好的技术条件，在国内采取减少温室气体排放的措施不可避免地将导致生产成本大幅度增高，以较低的成本直接购买减排量是更好的选择；另一方面，如果发达国家对国内企业提出更高的减排要求，可能会导致本土企业向减排要求较低的国家转移，造成更大的经济损失。虽然发达国家对这一机制表示欢

① United Nations Framework Convention on Climate Change (UNFCCC). Joint Implementation Home [EB/OL]. (2022-05-30) [2022-10-31]. https://ji.unfccc.int/.
② UNFCCC. Kyoto Protocol [R/OL]. (1997-12-10) [2022-10-31]. https://unfccc.int/sites/default/files/resource/docs/cop3/l07a01.pdf.

迎，但是发展中国家普遍反对，各国最终要实现的目标是零碳排放，但是联合履约机制会让发达国家推迟国内的减排行动，延缓技术变革，最终导致未来减排费用更高的结果。自 2016 年以来，JI 没有注册新项目也没有签发新的减排量。截至 2021 年底，JI 共签发了 8.7 亿吨碳信用，共 17 个国家参与。[①]

清洁发展机制（CDM）[②]：根据《京都议定书》第 12 条规定，为履行第 3 条承诺，附件一国家通过给予技术和资金支持在非附件一国家开展有助减少温室气体排放的项目，并以项目减少排放的温室气体量来完成附件一国家应承担的减排任务。

CDM 是唯一与发展中国家相关的国际机制，受到发达国家和发展中国家广泛欢迎，它创造了一种"双赢"局面：发展中国家通过项目合作可以获得资金和技术，有助于实现自身的可持续发展，发达国家通过项目合作可以大幅度降低在国内实现减排所需的成本。截至 2022 年 9 月，CDM 共签发了 23 亿吨核证减排量，是累计签发碳信用和注册减排项目最多的碳信用机制。

2015 年《巴黎协定》再次强调全球应对气候变化问题的共识，明确提出要把 21 世纪全球平均气温升幅控制在较工业化前水平的 2℃以内，并力争控制在 1.5℃以内。2021 年 11 月，在第 26 届格拉斯哥气候大会（COP26）上，根据巴黎协定 6.4 机制（未来全球碳市场机制），拟建立全球统一的自愿碳市场，可称为可持续发展机制（Sustainable Development Mechanism, SDM），该机制几乎完全沿用 CDM 的架构，包括基准线、额外性、监测计划、审定核查机构、总体注册和签发流程等，但在可持续发展贡献上要比 CDM 要求更高。未来也将推出类似于注册登记簿的全球减缓成果转移（Internationally Transferred Mitigation Outcomes, ITMOs）数据库，用于记录所有国际碳信用转移情况以及因此造成的各个国家对气候问题自主贡献的变化情况。SDM 总体框架目前已定，计划于 2030 年前完成所有体制机制的搭建。但 CDM 签发的 20 多亿吨核证减排量，真正用于履约并注销的不到一半，已

① UNFCCC. Emission Reduction Units (ERUs) issued [R/OL]. (2016-01-01) [2022-10-31]. https://ji.unfccc.int/statistics/2015/ERU_Issuance_2015_10_15_1200.pdf.
② UNFCCC. Clean Development Mechanism [EB/OL]. (2022-05-30) [2022-10-31]. https://cdm.unfccc.int/.

签发但未使用的碳信用将如何过渡到 SDM 机制，仍然是各方争论的焦点。[①]

3.2　独立机制

独立碳信用机制是不受任何国家法规或国际条约约束的机制，由私人和独立的第三方组织（通常是非政府组织）管理。独立碳信用机制签发的碳信用主要用于组织和个人自愿碳抵消，但也有一些独立碳信用被用于各种碳定价机制的履约，模糊了自愿碳市场和履约碳市场之间的界限。

多数独立碳信用机制能够接收多种项目类型，有的以"标准"命名，有的直接以创立组织或公司名称命名，还有的作为独立项目单独命名。以"标准"命名的碳信用机制有核证碳标准（VCS）、黄金标准（GS）、生存计划认证（Plan Vivo Certificate，PVC）等；以组织或公司名称命名的碳信用机制有全球碳理事会（GCC）、美国碳注册登记处（ACR）、生物碳登记（BioCarbon Registry, BCR）等；以项目名称命名的碳信用机制有气候行动储备方案（CAR）、国际碳登记（International Carbon Registry, ICR）等。

核证碳标准（VCS）[②]：VCS 是由气候组织（Climate Group, CG）、国际排放交易协会（International Emissions Trading Association, IETA）、世界可持续发展工商理事会（World Business Council for Sustainable Development，WBCSD）和世界经济论坛（World Economic Forum，WEF）联合建立的。主要面向有减排需求的个人与企业，相对 CDM 条件更为宽松，对于项目的可持续性并没有要求。2005 年 5 月，VCS 的运营方 Verra 推出一个新项目"气候、社区和生物多样性标准"（Climate, Community and Biodiversity Standards, CCB Standards）并于 2013 年更新至最新版。CCB 仅关注土地管理项目，应用于项目设计阶段的早期，为项目设计和开发提供规则和指导，以确保当地社区和生物多样性权益。2019 年 1

---

① Slaughter and May. Global carbon markets after COP26: The past, present, and future[EB/OL]. (2021-12-17) [2022-10-31]. https://my.slaughterandmay.com/insights/client-publications/global-carbon-markets-after-cop26-the-past-present-and-future.
② Verra. Verified Carbon Standard [EB/OL]. (2022-05-30) [2022-10-31]. https://verra.org/programs/verified-carbon-standard/.

月，Verra 推出了"可持续发展影响核证标准"（Sustainable Development Verified Impact Standard, SD VISta），用以评估和报告项目的可持续发展效益，项目自此可同时使用 VCS 和 SD VISta。已通过 VCS 的项目可通过填写可持续发展目标（Sustainable Development Goals, SDGs）贡献报告模板，说明对可持续发展的贡献。VCS 是目前最大的独立温室气体碳信用机制，也是促进森林保护、可持续管理和增加森林碳汇的林业碳信用的最大签发者。

黄金标准（GS）[①]: GS 是由世界自然基金会（World Wide Fund for Nature, WWF）和其他几个国际非政府组织组建的碳信用机制，对 CDM 的核证减排量进行补充性认证。GS 特别重视协同效益，例如在关注项目减排的同时也关注增加就业、改善当地社群健康状况等其他社会效益。GS 于 2017 年通过了名为"全球目标黄金标准"（Gold Standard for the Global Goals）的最佳实践标准，促进碳信用签发活动与《巴黎协定》和联合国可持续发展目标（SDGs）一致。根据注册项目数量和签发碳信用总额来看，GS 是全球第二大独立碳信用机制，其中 68% 的核证减排量来自可再生能源和炉灶燃料转换项目。

全球碳理事会（GCC）[②]: 2016 年由 GCC 开发的自愿温室气体抵消计划被称为"GCC 计划"，旨在为实现可持续和低碳世界经济的愿景作出贡献。GCC 计划是中东和北非（Middle Eastern & Northern Africa, MENA）地区的第一个自愿碳抵消计划，也是海湾研究与发展组织（Gulf Organisation for Research & Development, GORD）的一项倡议。GCC 计划接收来自全世界的温室气体减排项目，尽管它特别强调中东和北非地区的低碳发展，但该地区在碳市场中的代表性仍然严重不足。GCC 计划有助于促进气候行动，同时确保项目建设和运营不对环境和社会造成任何不利影响，并根据东道国的优先事项为联合国可持续发展目标做出贡献。

美国碳注册登记处（ACR）[③]: ACR 于 1996 年在美国环保协会（Environmental

---

① Golden Standard. Golden Standard for the Global Goals [EB/OL]. (2022-05-30) [2022-10-31]. https://globalgoals.goldstandard.org/.

② Global Carbon Council. [EB/OL]. (2022-05-30) [2022-10-31]. https://www.globalcarboncouncil.com/.

③ American Carbon Registry [EB/OL]. (2022-05-30) [2022-10-31]. https://americancarbonregistry.org/.

Defense Fund, EDF）的帮助下以环境资源信托基金形式成立，当前由温洛克国际管理，是世界上第一个独立自愿碳抵消机制，接受全球范围项目，但主要来自美国，为自愿抵消和强制履约（例如 CORSIA）两种碳市场都提供碳信用登记与交易服务。2019 年，ACR 更新了标准，可不考虑项目建设地点，将包括在基准线之内的国际林业项目、可再生能源项目和能源效率项目，已签发的围绕间接排放产生的碳信用不再计入数量计算。ACR 是世界第四大独立碳信用机制，截至 2021 年底，共签发约 6400 万吨碳信用，覆盖 10 个行业，大部分减排量来自林业以及碳捕集与封存活动。除自行开展碳信用签发活动外，ACR 目前还充当加州履约抵消计划（California Compliance Offsets Program, CCOP）的碳抵消项目注册登记处（Offset Project Registries, OPRs）。ACR 签发的碳信用可以通过场外交易签订协议并在 ACR 注登系统划转，也可以将其账户与 CBL 交易平台①账户关联进行场内交易，经授权的碳信用也可以在 Carbon Trade Exchange（CTX）交易所上市。CBL 交易平台的投资者既可以购买指定项目的碳抵消信用，也可以购买 CBL 的标准化全球碳抵消合约（Global Emissions Offset, GEO）现货，以 GEO 现货合约为基础的期货合约在芝加哥商业交易所集团（CME Group）上市。

气候行动储备方案（CAR）②：CAR 于 2001 年在美国加利福尼亚州创建，由气候行动储备组织管理，最初是作为加州气候行动注册处启动。2019 年，随着《加拿大草原协议》（Canada Grassland Protocol）的发布，CAR 范围从其最初的美国和墨西哥扩展到加拿大。在美国 46 个州和墨西哥 19 个州备案 700 余个项目。已获备案的协议包括：己二酸生产、加拿大草原、煤层气、森林、墨西哥锅炉效率、墨西哥森林、墨西哥垃圾填埋场、墨西哥畜牧、硝酸生产、氮素管理、有机废弃物堆肥、有机废弃物分解、消耗臭氧层物质、水稻种植、土壤富集、城市森林管理、城市植树、美国垃圾填埋场、美国畜牧业等。截至 2021 年底，共签发约 6300 万吨碳信用，覆盖 5 个行业，大多数（超 70%）来自垃圾填埋气、减少消耗臭氧层物质和林业活动。除了为自愿减排行为提供碳信用以外，它也是 CCOP 的

---

① Xpansiv. CBL Exchange [EB/OL]. (2022-05-30) [2022-10-31]. https://xpansiv.com/cbl/.

② Climate Action Reserve [EB/OL]. (2022-05-30) [2022-10-31]. https://www.climateactionreserve.org/.

碳抵消项目注册登记处。CAR 签发碳信用，可以通过场外交易并在 CAR 注登系统划转，也可以在 CBL、新加坡大气碳交易所（AirCarbon Exchange，ACX）和美国洲际交易所（Intercontinental Exchange，ICE）三处交易所进行场内交易。

生存计划认证（PVC）[①]：1994 年发起于墨西哥恰帕斯州的一个试点研究项目，旨在使小规模农户通过碳收集活动参与到碳市场中。Plan Vivo 聚焦于林业、农业和其他土地利用类型的项目，为促进可持续发展和改善农村生产生活及生态系统提供服务。Plan Vivo 项目与农村小农和社区密切合作，强调参与式设计、持续的利益相关者协商、使用本地物种以及在各种生态系统服务计划（包括碳减排）中增强生物多样性。

社会碳标准（SOCIALCARBON Standard, SC）[②]：SC 于 2000 年由 Ecológica 研究所（巴西）开发，起源于巴西的一个可持续发展林业试点项目——巴纳纳尔岛碳封存项目，目前由英国慈善组织社会碳基金会管理，它是南半球建立的第一个国际标准。为获得 SC 证书，项目需要在碳、生物多样性、社会、金融、人类和自然六个领域有所改善，每年收会费 600 英镑。SC 注册登记在生物多样性和生态系统未来（Biodiversity-Ecosystem Function, BEF）平台上进行，该平台是一个为项目开发商和环境资产买家提供登记、市场和筹资服务的一体化系统。既可以在 BEF 平台上直接进行交易，也可以将碳信用所有权在平台上转给买方，买方拿去交易。SC 接受所有符合其额外性标准的清洁发展机制方法学。截至 2022 年 5 月，SC 仅登记了 1 个项目。

碳水化合物核证碳标准（Cercarbono）[③]：2016 年底在哥伦比亚由私人创立的自愿性碳核证标准，能够接纳全球范围多种类型的项目，是国际排放交易协会 IETA 的成员，其目标是成为一个国际公认的自愿性碳认证标准。2018 年，Cercarbono 与 EcoRegistry 平台建立联盟，基于区块链技术，为气候变化减缓项

① Plan Vivo Foundation. Plan Vivo Certificate [EB/OL]. (2022-05-30) [2022-10-31]. https://www.planvivo.org/pvcs.
② SOCIALCARBON [EB/OL]. (2022-05-30) [2022-10-31]. https://www.socialcarbon.org/.
③ Cercarbono [EB/OL]. (2022-05-30) [2022-10-31]. https://cercarbono.com/.

目（Climate Change Mitigation Programmes or Projects，CCMPs）提供注册服务。Cercarbono 备案的方法学来自能源、交通、制造业、飞逸性燃料排放、废物处理和处置、造林六个领域。从 2019 年起，Cercarbono 从林业项目开始产生了第一批认证碳信用。截至 2021 年底，Cercarbono 共计登记了 85 个项目，签发了近 3000 万核证减排量，注销了近 2000 万核证减排量。

生物碳登记（BCR）[1]：BCR 是 2018 年于哥伦比亚由私人建立的一家具有商业性质的公司，其主要目标是开发和管理碳和生物多样性标准。BCR 的标准和方法适用于哥伦比亚以及全球其他地区的项目。BCR 公司正在开拓国际运营业务，与国外项目合作。BCR 采用自身的注册登记系统，基于区块链技术，对项目进行管理，其签发的碳信用可以在 BCR 系统中进行划转，也可以在碳交易所 CTX 上市交易。2021 年，该机构荣获 IETA 自愿碳市场评级的"最佳 GHG 信用项目"亚军。BCR 备案的方法学包括以下五个领域：REDD+ 活动（减少毁林和森林退化造成的排放、森林碳储量保护、森林可持续管理和提高森林碳储量等活动）、温室气体移除活动、能源、交通（符合 CDM 第 7 部分备案要求）、废弃物处理和处置（符合 CDM 第 13 部分备案要求）。截至 2022 年 5 月，BCR 登记了 25 个项目，3 个项目在审核中；签发了 325 万个碳信用，注销了 183 万个碳信用。

国际碳登记（ICR）[2]：ICR 是在冰岛由私人创立的一个国际自愿的温室气体减排机制，能够接纳多种类型的项目。ICR 提供电子注册登记平台，用于管理 ICR 温室气体项目。ICR 认可所有 CDM 和 ACR 机制下现行有效的方法学。所有符合 ICR 要求和 ISO 14062-2 以及相应方法学要求的项目均可在 ICR 登记。ICR 方法学备案的领域包括：能源（能源生产、分配和需求）、制造业、化学工业、建筑、交通、采矿、金属制造、燃料飞逸性排放、碳卤化合物和六氟化硫飞逸性排放、溶剂使用、废物处置、造林和再造林、农业、碳捕集与封存和碳移除等多个领域。ICR 平台允许实体之间转让碳信用，同时与 CTX 直接相连，用于交易。截至 2022 年 5 月，ICR 系统中登记项目共 10 个，已签发项目 5 个。

---

① BioCarbon Registry [EB/OL]. (2022-05-30) [2022-10-31]. https://biocarbonregistry.com/en/.
② International Carbon Registry [EB/OL]. (2022-05-30) [2022-10-31]. https://www.carbonregistry.com/.

另外，专注于 REDD+ 项目类型的碳信用机制有：

可持续森林景观倡议（Initiative for Sustainable Forest Landscapes, ISFL）[①]：2013 年 11 月启动的生物碳基金（BioCarbon Fund, BioCF）的 ISFL 是一个为期 17 年的全球首创项目，由德国、挪威、英国和美国政府捐助支持，通过世界银行管理。该倡议获得的资金总额为 3.8 亿美元，分为 BioCF plus 和 BioCF Tranche 3（T3）两个机制使用。BioCF plus 提供约 1 亿美元的捐赠资金，通过技术援助和赠款帮助项目国家来改善可持续土地利用和有利于低排放发展活动环境；T3 提供约 2.8 亿美元，作为项目国家通过项目实施实现减排量的绩效奖励，过程中需要 ISFL 的核证。可持续森林景观倡议目前正在与哥伦比亚、埃塞俄比亚、印度尼西亚、墨西哥和赞比亚的政府合作进行项目试行，仍处于捐助和项目开发和评估阶段，尚未签发核证减排量。

森林碳合作伙伴基金（Forest Carbon Partnership Facility, FCPF）[②]：FCPF 是一个由政府、企业、民间社会和原住民组织于 2008 年组成的全球伙伴关系。森林碳合作伙伴基金目前与非洲、亚洲、拉丁美洲和加勒比地区的 47 个发展中国家以及 17 个资助方合作，这些资助方将提供 13 亿美元的捐款总额。其中，4 亿美元将作为准备基金帮助各国搭建起实施 REDD+ 的基础，9 亿美元将作为碳基金支付给 REDD+ 项目取得进展的国家，这个过程需要经过该基金的核证。需要区分 FCPF 和上文的 ISFL，前者以 REDD+ 标准为基础，侧重与森林相关的项目；后者则包括所有符合农业、林业和其他土地利用（Agriculture, Forestry and Other Land Use Projects, AFOLU）标准的项目。截至 2022 年 5 月，FCPF 准备基金资助了 47 个项目；FCPF 碳基金资助了 15 个项目，14 个项目的项目国家与世界银行签署了收益共享协议（EP-PA），该基金尚未核证签发减排量。

REDD+ 交易架构（Architecture for REDD+Transactions, ART）[③]：ART 是一项

① Initiative for Sustainable Forest Landscapes. BioCarbon Fund [EB/OL]. (2022-05-30) [2022-10-31]. https://www.biocarbonfund-isfl.org/.

② Forest Carbon Partnership Facility [EB/OL]. (2022-05-30) [2022-10-31]. https://www. forestcarbonpartnership.org/.

③ Architecture for REDD+Transactions [EB/OL]. (2022-05-30) [2022-10-31]. https:// www.artredd.org/.

全球自愿性倡议，由 ART 独立董事会领导，得到气候与土地利用联盟（Climate and Land Use Alliance, CLUA）、美国环保协会（EDF）、挪威国际气候与森林倡议（Norway's International Climate and Forest Initiative, NICFI）、洛克菲勒基金会（the Rockefeller Foundation）和温洛克国际（Winrock International）等组织的支持，旨在促进森林和土地利用部门的碳减排，认可那些提供高质量 REDD+ 森林的国家。ART 的标准，即 REDD+ 环境卓越标准（The REDD+ Environmental Excellence Standard, TREES），是全球森林减排的质量基准。现有 9 个司法管辖区已经获得该碳信用的批准并在 ART 注册系统上公示。2020 年 11 月，ART 获得了国际民用航空组织（International Civil Aviation Organization, ICAO）的批准，可以向航空公司提供碳信用，用于 CORSIA 的履约。2021 年 11 月，国际民航组织理事会扩大了 ART 能用于 CORSIA 履约的信用额度，由最初批准的 2016—2020 年产生的减排量扩大到 2021—2023 年产生的减排量。ART 签发的碳信用可以通过场外交易签订协议并在 ART 登记系统中进行划转，也可以在非营利性机构 Emergent 森林金融加速器进行场内交易。Emergent 是 ART 信用额度的稳定买家，提供购买的确定性，以底价购买碳抵消信用并共享溢出价格收益。Emergent 为 TREES 买家提供有效机制购买 ART 信用，使其不必直接与各国政府谈判和签约。

3.3 区域、国家和地方机制

区域、国家和地方碳信用机制由各自辖区内立法机构管辖，通常由区域、国家或地方各级政府进行管理。常见的国家级碳信用机制有韩国抵消机制（KOC）、日本碳信用机制（JCS）和澳大利亚减排基金（AERF）等；常见的地方级碳信用机制有艾伯塔省排放抵消体系（AEOS）和加州履约抵消计划（CCOP）；常见的区域级碳信用机制有联合信贷机制（JCM）等。

韩国抵消机制（KOC）：韩国于 2015 年建立自己的碳交易体系，自愿市场中为韩国控排实体提供抵消碳信用的机制称为 KOC。成立之初，该机制只接纳韩国境内未被碳交易体系覆盖的减排项目。后来，被韩国清洁发展机制注销的核证减排量可通过该机制重新核发，再由韩国政府进一步转换为韩国碳信用，才能用于履约。韩国碳市场允许交易的抵消额度不能超过配额总量的 10%。截至 2019 年底，韩国碳信用机制共注册项目 164 个，已签发 1600 万个碳信用，共覆盖 6 个行业，60% 项目类型属于可再生能源。

日本碳信用机制（JCS）[1]：JCS 成立于 2013 年，由日本经济产业省、环境省、农林水产省共同管理，旨在减少日本境内的温室气体排放。该机制将日本国内的碳信用机制和日本核证减排机制（Japan Verified Emission Reduction, J-VER）整合起来，备案的方法学包括六个领域：节能、可再生能源、制造过程、废弃物、农业、森林碳沉降。截至 2022 年 3 月 10 日，日本信用机制注册项目共 399 个，核证项目共 395 个，签发的碳信用共 610 万个。

澳大利亚减排基金（AERF）[2]：澳大利亚在 2012 年成立碳农业倡议（Carbon Farming Initiative, CFI）为全国碳交易体系提供抵消信用，并于 2012 年正式启动碳信用机制，由国家清洁能源监管机构管理。2014 年，由于澳洲碳市场被废除，碳农业倡议过渡到减排基金（Emission Reduction Fund, ERF）。减排基金签发的碳信用可用于该基金保障机制下的实体履约，也可以回售给减排基金，以实现国家的减排目标，在此，政府充当了碳信用买方的角色。清洁能源监管部门可通过举行竞标活动与项目开发商签订合同，以约定即将交付的碳信用。截至 2020 年 4 月，已有 475 个项目与澳洲政府签订交付合同，签发超过 1.93 亿个碳信用，其中约 2/3 来自林业和土地利用活动。

艾伯塔省排放抵消体系（AEOS）[3]：AEOS 于 2007 年建立，主要为加拿大艾伯塔省特定气体排放管理条例（Specified Gas Emitters Regulation, SGER）下有减排义务的实体提供碳信用，由艾伯塔省政府环境和公园厅管理。2020 年 1 月，

① Ministry of Economy, Trade and Industry, Japan (METIJ). J-Credit Scheme [EB/OL]. (2022-05-30) [2022-10-31]. https://japancredit.go.jp/english/.
② Australian Government, Clean Energy Regulator. Emission Fund [EB/OL]. (2022-05-30) [2022-10-31]. https://www.cleanenergyregulator.gov.au/ERF/Pages/default.aspx.
③ Government of Alberta. Alberta Emission Offset System [EB/OL]. (2022-05-30) [2022-10-31]. https://www.alberta.ca/alberta-emission-offset-system.aspx.

科技创新和减排计划（Technology Innovation and Emissions Reduction, TIER）取代特定气体排放管理条例。首批项目覆盖农业、可再生能源和废弃物处理领域。该机制的覆盖范围已扩大为 9 个行业。截至 2019 年底，该机制下注册项目数有 271 个，已签发 5600 万个碳信用，31% 的项目来自可再生能源，占比最大，其次是农业项目，占比 29%。

加州履约抵消计划（CCOP）[①]：CCOP 是为其强制市场提供履约碳信用的机制，于 2013 年成立，由美国加州空气资源委员会（California Air Resources Board, CARB）监管，并由碳抵消项目登记注册处（OPRs）协助注册和签发工作。加州新的立法对碳市场交易法规进行了修改：2021 年前控排企业用于履约的碳信用量不能超过其强制履约碳排放量的 8%；2021—2025 年为 4%；2026—2030 年回调为 6%。2019 年 4 月，再次修订法案，无论是位于加州境内或境外的项目都必须证明对加州具有直接环境效益，并由专门的履约抵消工作组审批。截至 2019 年底，加州履约抵消计划共注册项目 443 个，已签发碳信用 1.686 亿个，是全球最大的地区性碳信用机制，所签发碳信用共覆盖 4 个行业，80% 来自林业碳汇项目。

联合信贷机制（JCM）[②]：JCM 是日本 2012 年向发展中国家提出的一种机制，旨在促进低碳减排技术的转让和推广，协助所在国实现绿色增长并落实日本减少温室气体排放的国际承诺。JCM 由联合委员会（Joint Commission, JC）运营，并负责在双边协议的基础上制定和修改规则、指南和方法学，以及进行项目登记，目前已有 17 个国家政府与日本政府签署了双边合作协议。截至 2022 年 5 月，已注册项目 74 个，已签发项目 40 个，共计签发碳信用超 10 万个。

表 3-1 列出一些主要碳信用机制的基本信息。

---

① California Air Resources Board. Compliance Offset Program [EB/OL]. (2022-05-30) [2022-10-31]. https://ww2.arb.ca.gov/our-work/programs/compliance-offset-program/.
② Ministry of Economy, Trade and Industry, Japan (METIJ) and Ministry of the Environment, Japan (MOEJ). Joint Crediting Mechanism [EB/OL]. (2022-05-30) [2022-10-31]. https://www.jcm. go.jp/.

表 3-1 主要碳信用机制基本信息汇总

机 制 名 称	创建时间（年份）	管 理 机 构	机 制 类 型	碳信用名称
联合履约机制（JI）	1997	UNFCCC 联合执行监督委员会	国际性	ERUs
清洁发展机制（CDM）	1997	UNFCCC 清洁发展机制执行理事会	国际性	CERs
核证碳标准（VCS）	2005	Verra	独立性	VCUs
黄金标准（GS）	2003	黄金标准秘书处	独立性	VERs
全球碳理事会（GCC）	2016	海湾研究与发展组织	独立性	ACCs
美国碳注册登记处（ACR）	1996	温洛克国际	独立性	VERs
气候行动储备方案（CAR）	2001	气候行动储备组织	独立性	CRTs
Plan Vivo 计划	1994	Plan Vivo 基金会	独立性	PVCs
社会碳标准（SC）	2000	社会碳基金会	独立性	SOCIALCARBON Credits
碳水化合物核证碳标准（Cercarbono）	2016	Cercarbono 基金会	独立性	Carboncer
生物碳登记（BCR）	2018	生物碳登记处	独立性	VCCs
国际碳登记（ICR）	2020	国际碳登记处	独立性	ICCs
可持续森林景观协议（ISFL）	2013	生物碳基金会	独立性	ERs
森林碳合作伙伴基金（FCPF）	2008	世界银行	独立性	ERs
REDD+ 交易架构（ART）	2018	温洛克国际	独立性	TREEs
韩国抵消机制（KOC）	2015	环境部	国家性	KOCs
日本碳信用机制（JCS）	2013	日本经济产业省、环境省、农林水产省	国家性	J-Credits
澳大利亚减排基金（AERF）	2012	清洁能源监管机构	国家性	ACCU
艾伯塔省排放抵消体系（AEOS）	2007	环境和公园厅	地方性	Alberta Emission Offsets
加州履约抵消计划（CCOP）	2013	加州空气资源委员会	地方性	ARBOCs
联合信贷机制（JCM）	2012	日本政府	区域性	JCM Credits

3.4 我国碳信用机制现状

3.4.1 国家核证自愿减排量

根据《碳排放权交易管理办法（试行）》（生态环境部令第 19 号），国家核证自愿减排量（Chinese Certified Emission Reduction，CCER）是指对我国境内可再生能源、林业碳汇、甲烷利用等项目的温室气体减排效果进行量化核证，并在国家温室气体自愿减排交易注册登记系统中登记的温室气体减排量。CCER 主要用于全国碳市场重点排放单位履约、试点碳市场重点排放单位履约、企业碳中和、大型活动碳中和、作为金融资产开展 CCER 质押，以及碳信托等碳金融活动。

欧盟作为世界上碳信用需求最大的一方，到 2012 年为止，批准我国 CDM 项目总数超过 3000 个，居全球首位。2012 年，欧盟规定从当年起只购买最不发达国家的核证碳信用，从而导致我国 CDM 签发数量大幅减少，致使中国的 CDM 项目受阻。为了消解大量储存的 CDM 项目，我国开始在国内开展自愿碳市场工作，中国温室气体自愿减排机制应运而生。2015 年，自愿减排交易信息平台上线，首单 CCER 交易于广州碳排放交易所完成，这标志着 CCER 进入实质性交易阶段。但是，自愿碳市场运行期间出现许多不完善的方面。2017 年，国家发展改革委（以下简称发改委）发布公告暂停温室气体自愿减排项目备案申请的受理，并着手修订《温室气体自愿减排交易管理暂行办法》。

目前获得国家正式备案的 CCER 交易机构有：北京绿色交易所、天津碳排放权交易所、上海环境能源交易所、广州碳排放权交易所、深圳碳排放权交易所、重庆联合产权交易所、湖北碳排放权交易中心、福建海峡股权交易中心、四川联合环境交易所。中国作为世界上最大的发展中国家，碳排放量世界第一，2022 年碳排放权交易市场规模是 5 亿吨 CO_2e，未来可能继电力行业之后，将石化、化工、建材、钢铁、有色、造纸、航空七大行业也纳入到全球统一的强制碳市场中，其碳减排规模可能达到 70 亿～ 80 亿吨 CO_2e。假如我国自愿碳市场是强制碳市场减排量的 5%，CCER 的规模可能会达到 3 亿～ 4 亿吨 CO_2e[①]。

① 陈悠然. 北京绿色交易所总经理梅德文：中国强制碳市场规模可能会达到 80 亿吨 [EB/OL]. (2022-07-12) [2022-10-31]. http://finance.sina.com.cn/roll/2022-07-12/doc-imizirav2994803.shtml.

自 2017 年发改委发布公告暂缓受理相关工作至今，我国自愿碳市场工作已暂停近 5 年。目前，生态环境部正在结合新的形势要求加快修订《温室气体自愿减排交易暂行办法》及相关配套技术规范，CCER 市场有望于 2023 年重启。

3.4.2 碳普惠机制

碳普惠机制是指以识别小微企业、社区家庭和个人的绿色低碳行为作为基础，通过自愿参与、行为记录、核算量化、建立激励机制等，达到引导全社会参与绿色低碳发展的目的[①]。2016 年 3 月，国家发改委等十部门在《关于促进绿色消费的指导意见》中提出"研究建立绿色消费积分制"。2022 年 1 月，国家发改委等七部门联合印发《促进绿色消费实施方案》，明确提出"探索实施全国绿色消费积分制度，鼓励地方结合实际建立本地绿色消费积分制度，以兑换品、折扣优惠等方式鼓励绿色消费"，其中消费行为主体包括各类政府机构单位、社会组织、企事业单位、消费个人等，同时强调了消费行为发生要全流程、系统化地体现绿色低碳理念。北京、广州、南京、无锡、成都、深圳、武汉、抚州等城市已开展了不同形式的碳普惠活动，主要是通过项目产生碳信用和通过个人或家庭产生碳信用两种形式运行。

项目产生碳信用是根据省生态环境厅备案的项目方法学（明确项目基线、额外性、碳计量和监测程序等的方法指南）提交申请，经过审查核证后签发产生，用以碳抵消或进入碳市场抵消控排企业碳排放配额超出部分。如广东省已批准《广东省林业碳汇碳普惠方法学（2022 年修订版）》《广东省安装分布式光伏发电系统碳普惠方法学（2022 年修订版）》《广东省废弃衣物再利用碳普惠方法学（2022 年修订版）》《广东省使用家用空气源热泵热水器碳普惠方法学（2022 年修订版）》《广东省使用高效节能空调碳普惠方法学（2022 年修订版）》[②]《广东省自行

---

① 刘海燕，郑爽. 广东省碳普惠机制实施进展研究 [J]. 中国经贸导刊，2018(8): 23-25.
② 广东省生态环境厅. 广东省生态环境厅关于印发《广东省林业碳汇碳普惠方法学（2022 年修订版）》等 5 个方法学的通知 [EB/OL]. (2022-08-05) [2022-10-31]. http://gdee.gd.gov.cn/shbtwj/content/post_3993031.html.

车骑行碳普惠方法学》[①] 共 6 个方法学。截至 2022 年 4 月，广东省生态环境厅已核发 104.61 万吨 CO_2e 碳普惠核证减排量，其中林业碳汇项目 93.2 万吨，占比高达 89%，自行车骑行和分布式光伏发电项目分别为 5.38 万吨、6.03 万吨，各占 5%、6%。根据广州碳排放权交易所数据，截至 2021 年年底，广州现货核证减排量累计成交量 534.26 万吨 [②]。成都市也已批准《成都市供热锅炉使用电能或天然气替代碳减排项目方法学》《成都市机场光伏＋储能静变电源（GPU）系统替代燃油碳减排项目方法学》《成都市节能改造碳减排项目方法学》《成都市造林管护碳减排项目方法学》《成都市天府绿道碳减排项目方法学》《成都市川西林盘碳减排项目方法学》《成都市湖泊湿地碳减排项目方法学》《成都市测土配方施肥碳减排项目方法学》共 8 个方法学，明确该市具体能够核证碳信用的项目类型。湖州市作为浙江省首个居民生活领域碳普惠应用试点城市，发布《碳普惠屋顶分布式光伏发电碳减排量核证规范》等一批方法学，实施"光伏惠民"碳汇交易示范项目，将居民户用光伏发电量转化成光伏核证碳减排量，并通过"两山银行"等聚合商收储、交易。

个人或家庭产生碳信用一般是通过平台搭建的"个人碳账户"，将日常生活中的碳减排行为换算成"碳积分"或"碳币"，存到相应账户里，相当于个人或家庭碳减排的"积分"账户，公众可用在碳普惠平台上换取商业优惠、兑换公共服务等。"个人碳账户"平台的搭建方一般为地方政府、银行或企业等。

2019 年 11 月，北京交通绿色出行一体化服务平台（简称"北京 MaaS"平台）正式上线 [③]，是全国首个落地实施的一体化出行服务平台应用试点；2021 年 6 月，青岛市作为全国低碳试点城市和数字人民币试点城市推出的"青碳行"APP，是全国首个以数字人民币结算的碳普惠平台。2022 年 6 月，深圳市推出居民低碳用电小程序"碳普惠"，通过对家庭电量进行换算，对居民家庭减排量进行统计，给予用户不同等级的个性化标志勋章。2022 年 7 月起，上海市首部绿色金融法

---

① 广东省生态环境厅. 广东省自行车骑行碳普惠方法学 [S/OL]. (2019-08-23) [2022-10-31]. http://gdee.gd.gov.cn/attachment/0/373/373308/2507993.pdf.

② 胡晓玲. IIGF 观点 | 双碳背景下地方碳普惠机制发展综述和建议 [EB/OL]. (2022-04-20) [2022-10-31]. https://iigf.cufe.edu.cn/info/1012/5097.htm.

③ 北京市交通委员会. 国内首个一体化出行 MaaS 平台上线 [EB/OL]. (2019-11-04) [2022-10-31]. http://jtw.beijing.gov.cn/xxgk/tpxw/201912/t20191213_1166267.html.

正式施行，浦东区政府将"探索建立企业碳账户和自然人（常住人口）碳账户"。2022 年 8 月，浙江省湖州市政府创新打造"碳达人·惠湖州"数智服务平台，服务个人测碳降碳，并且建立碳普惠积分制，以碳惠积分兑换物质与精神奖励的形式激励、回馈公众践行绿色低碳行为。湖州市政府通过购买的 395.24 吨个人碳汇，已完成中国绿色低碳创新大会、湖州市"两会"、安吉生态文明建设推进大会等大型会议（活动）的碳中和。

2018 年，浙江省衢州市个人碳账户试点开始运行，依托银行账户采集个人碳减排行为数据，建立银行个人碳账户，按照统一的减排量赋值规则将碳减排行为折算成碳积分或碳信用。截至 2021 年 8 月底，衢州市共开立个人碳账户 144 万个，累计减少碳排放 4329 吨[①]。2022 年 3 月，中信银行推出首个银行个人碳账户，各大银行纷纷效仿，随后浦发银行、衢江农商银行、昆仑银行、日照银行、建设银行、平安银行等众多银行也推出相关业务。

随着低碳环境理念的深入人心，一些企业也搭建起碳账户平台，引导用户纷纷参与到低碳减排的生活中来。2016 年，阿里巴巴联合阿拉善 SEE 基金会等公益机构推出"蚂蚁森林"项目，通过低碳支付收集绿色能量，以自己的名义"种树"，吸引了大量用户加入种树大军；2021 年 9 月国家电投打造的"低碳 e 点"碳普惠平台是全国首家央企碳普惠平台，汇聚了集团 13 万员工的低碳行为数据，员工可以通过绿色行动得到减排量，如光盘行动、无纸化办公、植树等，然后在员工商城兑换商品。2021 年 12 月，腾讯公司联合深圳市生态环境局等也推出了"低碳星球"小程序，以低碳活动获取的碳积分用于培育星球。2022 年 8 月 8 日，阿里巴巴又推出了"88 碳账户"。不难预见，未来将涌现出更丰富多彩的碳普惠平台，引导更多人参与低碳行动。

---

① 中国银行保险报网.个人碳账户信贷落地衢州 [EB/OL]. (2021-08-27) [2022-10-31]. http://www.cbimc.cn/content/2021-08-27/content_407692.html.

碳信用项目发展现状

受经济低迷和新冠肺炎的影响，国际碳信用项目的发展受到了一定程度的挑战，但碳信用项目和碳信用签发量都有所增加。本章将围绕国际碳信用机制、主要的独立碳信用机制及中国国家核证自愿减排量，对全球和我国的碳信用项目发展及碳信用签发情况进行介绍（参见表 4-1）。

表 4-1　八种碳信用机制比较

机　制	建立时间 （年份）	管理机构	地理范围	有效方法学	方法学覆盖项目类型*	可持续性
CDM	1997	UNFCCC 清洁发展机制执行理事会	全球	CDM 方法学 221 个	14 大类	—
VCS	2005	Verra	全球	自有方法学 47 个和 CDM 方法学	14 大类	选择性满足 SDGs 要求
GS	2003	黄金标准秘书处	全球	自有方法学 26 个和 CDM 方法学 162 个	9 大类	必须满足 SDGs 要求
GCC	2016	海湾研究与发展组织	全球	自有方法学 4 个和 CDM 方法学	3 大类	选择性满足 SDGs 要求
ACR	1996	温洛克国际	全球	自有方法学 16 个	12 大类	选择性满足 SDGs 要求
CAR	2001	气候行动储备组织	美国、加拿大和墨西哥	自有方法学 21 个	7 大类	选择性满足 SDGs 要求
Plan Vivo	1994	Plan Vivo 基金会	全球	自有方法学 4 个	2 大类	选择性满足 SDGs 要求
CCER	2012	生态环境部	中国	200 个（176 个由 CDM 方法学转化）	14 大类	—

*注：详见 4.2.3 节。

4.1 碳信用机制方法学总览

方法学作为碳信用项目开发的依据，为确立项目温室气体减排量设定了严格的规则。CDM 在如何创建方法学方面为其他碳信用机制提供了指引，很多机制都引用或借鉴了 CDM 的方法学，同时也进行机制自有方法学的开发。

清洁发展机制（CDM）方法学：CDM 备案的方法学共计 272 个，截至 2022年 9 月，有效方法学 221 个，所涉及领域包括：能源工业（可再生 / 不可再生能源）、能源分配、能源需求、制造业、化工行业、建筑业、交通运输、采矿 / 矿产品、金属生产、燃料的飞逸性排放（固体燃料、石油和天然气）、碳卤化合物和六氟化硫的生产和消费产生的逸散排放、废物处置、造林和再造林及农业共 14大类。

根据项目规模及性质，CDM 方法学分为大规模项目、小规模项目、大规模造林和再造林项目、小规模造林和再造林项目、碳捕集和封存项目方法学五类[①]。大规模项目方法学共计 148 个（其中包括综合大规模方法学 26 个），其中 31 个方法学已被撤销，有效方法学 117 个（其中包括综合大规模方法学 25 个），多集中于能源工业、废物处置、化工行业、制造业和能源需求领域；小规模项目方法学共计 100 个，均为有效方法学，多集中于能源工业、能源需求、废物处置和交通运输领域；大规模造林和再造林项目方法学共计 17 个（其中包括综合大规模方法学 3 个），其中 15 个方法学已被撤销，有效方法学 2 个（其中包括综合大规模方法学 1 个）；小规模造林再造林项目方法学共计 7 个，其中 5 个方法学已被撤销，有效方法学 2 个；截至 2022 年 9 月，还没有批准的针对碳捕集和封存项目的方法学。

> **专栏 4-1　CDM 碳信用**
>
> 　　CDM 签发的碳信用可以通过场外交易签订协议并在联合国碳抵消平台上注销，也可以在指定交易场所内交易。联合国碳抵消平台不支持该碳信用的转

---

① United Nations Framework Convention on Climate Change (UNFCCC). CDM Methodology Booklet [R/OL]. (2021-12-01) [2022-10-31]. https://cdm.unfccc.int/methodologies/documentation/2203/CDM-Methodology-Booklet_fullversion.pdf.

手交易，购买的碳信用不能进行所有权转移，只能直接注销。另外，该碳信用指定交易的交易所包括 AirCarbon Exchange（ACX）、Carbon TradeXchange（CTX）和 CBL Market。

核证碳标准（VCS）方法学：VCS 备案的自有方法学共计 51 个，截至 2022年 9 月，自有有效方法学 47 个，所覆盖的项目类型包括能源、制造、建筑、交通、废弃物、采矿、农业、林业、草原、湿地及畜牧业等。VCS 主要面向有减排需求的个人与企业，相对于 CDM，其要求更为宽松，在审核项目时要求项目必须遵循当地的环境法规与环境政策，对项目的可持续性并没有要求，所有 CDM 机制下的方法学都可以用于登记 VCS 项目。

专栏 4-2　VCS 碳信用

2020 年 4 月起，VCS 碳信用可以在 Verra 登记系统中交易，也可以在 CTX 交易所场内交易。此外，Xpansiv 数据系统股份有限公司旗下的 ESG 现货市场 CBL 推出了 GEO、N-GEO 和 C-GEO 现货合约，芝加哥商业交易所集团（CME）在此基础上推出了 GEO、N-GEO 和 C-GEO 期货合约，均包含以上几类碳信用，其中 N-GEO 和 C-GEO 以 Verra 作为唯一登记机构。

黄金标准（GS）方法学：GS 备案的自有方法学共计 29 个，截至 2022 年 9月，自有有效方法学 26 个，所覆盖的项目类型包括土地利用、林业和农业、能源效率、燃料转换、可再生能源、航运能效、废物和处置、节水效益和二氧化碳移除等领域。除了包括 CDM 的必要条件外，GS 在验证项目的额外性和可持续发展性方面提出更高要求，其核心在于保证环境完整性和可持续发展。

专栏 4-3　GS 碳信用

GS 签发的碳信用可以直接在黄金标准登记系统内交易，实现实时注销，自动生成证书。碳信用持有者可以直接和网站上公开的项目业主接洽，或者与国际碳减排联盟网站公开的经纪商联系，通过场外签订合同后在黄金标准登记系统交易。另外，该碳信用还可以在 CTX 交易所进行场内交易。

全球碳理事会（GCC）方法学：GCC 沿用了 CDM 的项目申报及评审规则，也接受 CDM 批准的所有方法学（包含发电、能效等类型），截至 2022 年 9 月，另有四个自有方法学，分别面向电网或自备用户供电的可再生能源发电项目、抽水系统节能以及从动物粪肥和废弃物管理项目产生能源。

GCC 对项目技术类型及所在地包容性较高，出于对项目额外性的考虑，只对申报项目的运行时间做要求。CDM 只接受非附件一国家的项目申报，而 GCC 接受世界上所有国家减排项目的申报。对社会产生贡献的项目被添加 E+ 标签，对自然产生贡献的项目被添加 S+ 标签，标签被记录为 10 年固定期或项目寿命期（小于 10 年）。GCC 的注册登记机构为 IHS Markit，截至 2022 年 9 月，其签发的碳信用尚未在任何交易所进行交易。

美国碳注册登记处（ACR）方法学：ACR 备案的方法学共计 39 个（其中 6 个引用 CDM 方法学，现均已失效），截至 2022 年 9 月，自有有效方法学 16 个，所涉及的行业范围包括改善燃料燃烧促进温室气体减排、改善工业生产过程促进温室气体减排、土地利用及变化和林业、碳捕集与封存、畜牧业以及废物处置等。

气候行动储备方案（CAR）方法学：CAR 备案的方法学共计 23 个，截至 2022 年 9 月，自有有效方法学 21 个，所覆盖的项目类型包括化工行业、土地利用变化和林业、废物处置、制造业、能源效率、改善工业生产过程促进温室气体减排以及畜牧业等。针对加拿大与墨西哥的部分行业下项目，CAR 提供了单独的方法学为其服务，如加拿大草原协议、墨西哥锅炉能效协议等。

中国核证碳减排量（CCER）方法学：2013 年 3 月至 2016 年 11 月，CCER 共计备案方法学 12 批，共 200 个。其中，有 176 个方法学由 CDM 方法学转化而来，其余为自行开发或部分依托 CDM 方法学开发获得的自有方法学。我国将 CCER 方法学按照规模划分为三个类型：大型项目类（CM 类）、小型项目类（CMS 类）和农林类（AR）。其中大型项目类共 109 个方法学，小型项目类共 86 个方法学，农林类共 5 个方法学。已申报项目类型覆盖了 CDM 中除溶剂使用外的 14 类项目。2016 年 11 月后，CCER 方法学未再进行方法学的备案及更新。

4.2　碳信用项目概览

4.2.1　碳信用项目数量对比

如图 4-1 所示，截至 2022 年 9 月，上述 CDM、VCS、GS、GCC、ACR、CAR、CCER 共 7 种碳信用机制的项目登记量依次为 8990 个、3067 个、2582 个、412 个、568 个、772 个和 2897 个，共计 19 288 个。全球碳信用项目登记总量在 CDM 机制下最多，VCS 机制次之，GCC 机制项目注册量最少。截至 2022 年 9 月，我国在 CDM、VCS、GS、GCC 和 CCER 机制下登记项目数总计 8625 个，其中在国际机制上登记的项目总数为 5728 个[①]。虽然自 2012 年以来 CDM 接收我国项目量极少，但我国在 CDM 机制登记的项目量为 4633 个，占比 51.54%，仍居各机制项目数量之首。另外，我国在 VCS 和 GS 上成功登记的项目分别有 796 个和 257 个，在 GCC 上仅有 42 个已登记项目，ACR 和 CAR 碳信用机制我国暂无项目登记。我国核证减排量 CCER 碳信用机制自 2017 年暂停止项目申请受理工作以来，成功登记 CCER 项目总数为 2897 个。

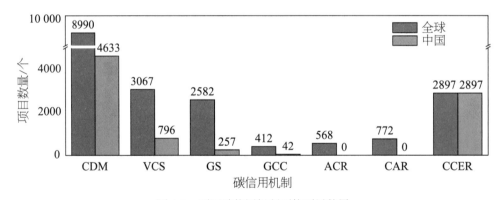

图 4-1　不同碳信用机制下的项目数量

综上，CDM 机制的项目发行量最大，其次为 VCS 机制，我国在国际机制和国内机制登记的项目数量亦十分可观。

4.2.2　碳信用项目分布

在全球应对气候变化问题的大环境下，世界各国都积极做出响应。7 种机制

---

① 数据来源：微信小程序"碳迹源"——全球碳信用跟踪查询工具。

下，世界各国的碳信用项目数量参差不齐，图 4-2 和图 4-3 对各碳信用机制下项目数量排名前 10 的国家进行了统计和分析。

全球共 102 个国家和地区登记了 CDM 碳信用机制项目，中国登记量最大，为 4633 个，占全球总登记量的 51.54%，占据半壁江山；其次为印度，登记 1767 个，占全球总登记量的 19.66%，约占中国登记量的 3/8；之后依次为巴西（385 个）、越南（260 个）、墨西哥（204 个）、马来西亚（157 个）、印度尼西亚（156 个）、泰国（154 个）、智利（124 个）和韩国（105 个），其他国家和地区登记量为 1045 个。

全球共有 104 个国家和地区登记了 VCS 碳信用机制项目，其中印度和中国的项目登记量占据主导地位，分别为 899 个和 796 个，占比为 29.3% 和 26.0%；之后依次为土耳其（187 个）、巴西（164 个）、美国（130 个）、马达加斯加（75 个）、哥伦比亚（67 个）、越南（48 个）、泰国（47 个）和南非（45 个），其他国家和地区总计登记量为 609 个。

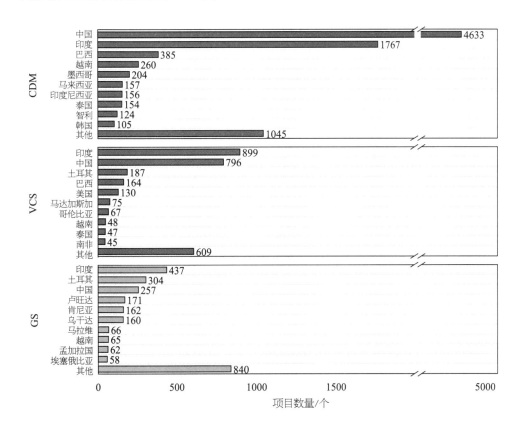

图 4-2　不同碳信用机制的全球项目区域分布

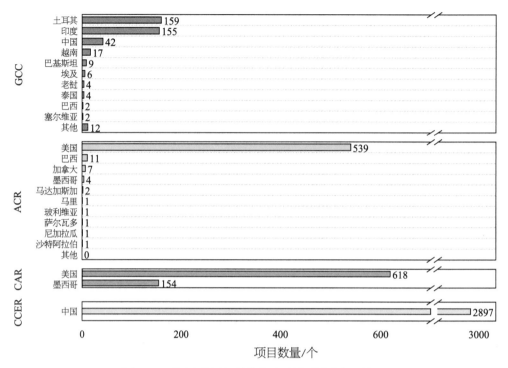

图 4-2　不同碳信用机制的全球项目区域分布（续）

GS 碳信用机制下登记了 2582 个碳信用项目，分布于 98 个国家和地区，按照登记量排序依次为印度（437 个，占比为 16.92%）、土耳其（304 个）、中国（257 个）、卢旺达（171 个）、肯尼亚（162 个）、乌干达（160 个）、马拉维（66 个）、越南（65 个）、孟加拉国（62 个）以及埃塞俄比亚（58 个），其他国家和地区登记量为 840 个，且国家之间登记量分布相对比较均匀。

GCC 碳信用机制下共有 22 个国家和地区登记了碳信用项目，总计 412 个，分别为土耳其（159 个，占比为 38.59%）、印度（155 个，占比为 37.62%）、中国（42 个）、越南（17 个）、巴基斯坦（9 个）、埃及（6 个）、老挝（4 个）、泰国（4 个）、巴西（2 个）和塞尔维亚（2 个），其他国家和地区登记量共计 12 个。

ACR 碳信用机制项目总登记量为 568 个，截至 2022 年 9 月，该机制主要面向美国碳信用项目，其项目登记量为 539 个，占比 94.9%，此外巴西（11 个）、加拿大（7 个）、墨西哥（4 个）、马达加斯加（2 个）、马里（1 个）、玻利维亚（1 个）、萨尔瓦多（1 个）、尼加拉瓜（1 个）和沙特阿拉伯（1 个）9 个国家也在该机制下登记了碳信用项目。

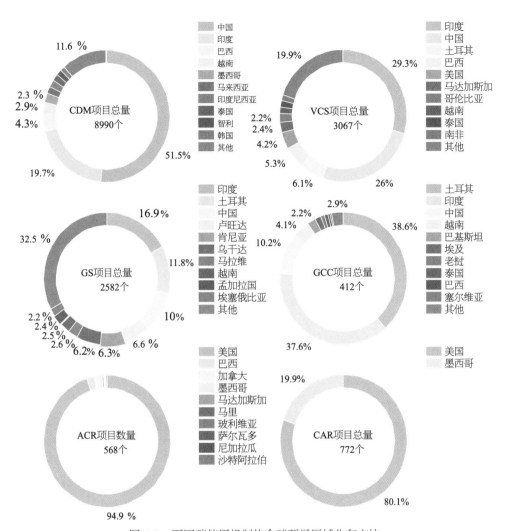

图 4-3　不同碳信用机制的全球项目区域分布占比

CAR 碳信用机制的项目总量为 772 个，其中美国登记 618 个，墨西哥登记 154 个，其他国家未在该碳信用机制下登记碳信用项目。

全球共计 197 个国家和 36 个地区，总计一半以上的国家和地区都登记了碳信用项目，国际社会就关注碳信用发展已达成共识。在七种机制下，印度、中国、土耳其、巴西、美国、越南等国家的碳信用项目登记量占主导地位。

基于全球碳信用项目分布发现，中国的碳信用项目数量庞大。全国登记的项目数量分布情况为：四川、云南和内蒙古项目数量分别为 691 个、641 个、638 个，位居前三；新疆和甘肃项目总数分别在 450 个左右；山东和河北项目总数均在 400

个到 450 个之间；贵州、河南、湖南、山西和湖北这 5 个省份的项目总数皆大于 300 个；宁夏、黑龙江、广西、江苏、安徽、浙江、辽宁、广东、吉林和陕西这 10 个省份项目数量在 200 个以上；福建、青海、江西和重庆也分别有 100 多个项目；海南、北京、上海、天津、台湾和西藏的项目数量分别为 63 个、48 个、40 个、26 个、5 个和 3 个。（从数据上，香港和澳门目前没有注册的项目）

从各行政区登记项目的机制类型来看，东北地区各省登记的项目总量相对平均，共计 739 个。其中 CDM 碳信用机制的项目数量最多，且其项目占比都超过 50%，仅辽宁省有极少量 GCC 项目，黑龙江、吉林省都只参与其他 4 个机制。

华北地区，5 个省份共登记项目 1437 个，其中内蒙古自治区居于首位，北京市和天津市的碳信用项目登记数量较少。其中，各省市在 CDM 机制下的碳信用项目均占半数及以上，北京市和天津市暂无 GS、GCC 项目，CCER 机制在华北地区各省份的项目数占其项目总数的 30% ～ 40%。

西北地区，共计登记碳信用机制项目 1574 个，其中陕西、甘肃、宁夏三个省份超过半数的项目来自 CDM 机制，而新疆和青海接近半数的项目来自 CCER 机制，在 VCS、GS、GCC 登记的项目数量相对较少。

西南地区，共计登记碳信用机制项目 1822 个。云南省、四川省以及重庆市的项目半数以上来自 CDM 机制，15% ～ 20% 的项目来自 CCER 机制；贵州省在 CDM 和 CCER 机制登记的项目数量分别占总量的 1/3；西藏仅有 3 个项目，分别来自 VCS、GS 和 CCER 机制。

华东地区，共计登记碳信用机制项目总数 1495 个。山东省、福建省和上海市的 CDM 项目占其登记项目总量的一半以上，江苏、浙江、江西的 CDM 项目接近其登记项目总量的一半；安徽省登记项目多来自 CCER 碳信用机制，占总量半数以上，其他省份的 CCER 项目均达其总量的 30% 及以上；浙江、江西、福建、上海暂无 GCC 项目登记，上海市尚无 GS 项目的登记。

中南地区，共计登记碳信用机制项目总数 1552 个。湖南 CDM 机制下的项目登记占比过半，河南、湖北、广西以及山东的 CDM 项目占其登记碳信用项目的

40%以上；湖北省的 CCER 项目相对较多，占比接近 50%；湖南、湖北以及海南暂无 GCC 项目的登记。

截至 2022 年 9 月，台湾省在碳信用机制下登记的项目总量为 5 个，其中 VCS 项目 3 个，GS 项目 2 个。

4.2.3 碳信用项目类型分析

依据 CDM 机制，将项目类型分为 15 大类，分别为：1. 能源工业（可再生能源/不可再生能源）、2. 能源分配、3. 能源需求、4. 制造业、5. 化工行业、6. 建筑业、7. 交通运输、8. 采矿/矿产品、9. 金属生产、10. 燃料的飞逸性排放（固体燃料、石油和天然气）、11. 碳卤化合物和六氟化硫的生产和消费产生的逸散排放、12. 溶剂使用、13. 废物处置、14. 造林和再造林、15. 农业。对全球范围内的碳信用项目按照这 15 类进行分类整理，分析项目类型的规律，结果如图 4-4 所示。

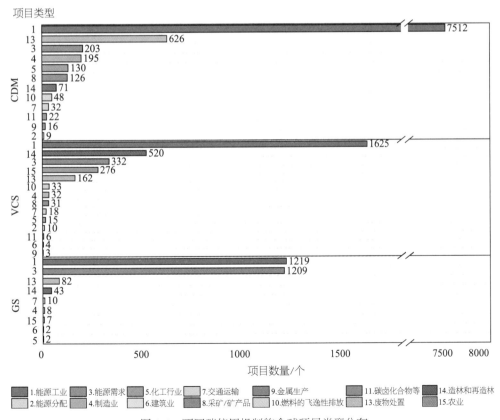

图 4-4　不同碳信用机制的全球项目类型分布

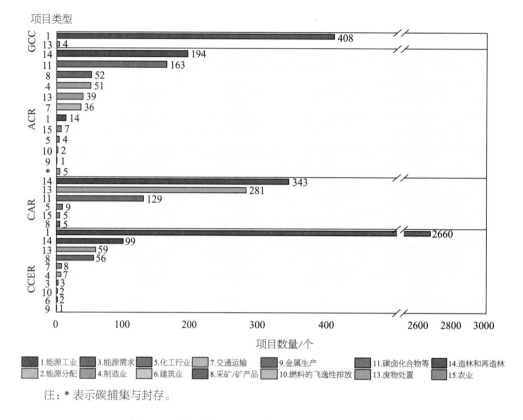

注：* 表示碳捕集与封存。

图 4-4　不同碳信用机制的全球项目类型分布（续）

　　能源工业的项目登记量最大为 13 438 个，7 种机制（CDM、VCS、GS、GCC、ACR、CAR、CCER）下能源工业的项目登记量依次为 7512 个、1625 个、1219 个、408 个、14 个、0、2660 个，分别占各自机制项目登记总量的 83.56%、52.98%、47.21%、99.03%、2.46%、0 以及 91.82%，是碳信用机制（特别是 CDM、VCS、GS、GCC 以及 CCER）发展的首要类型。

　　CDM 碳信用机制下，项目类型包括能源工业（7512 个）、能源分配（9 个）、能源需求（203 个）、制造业（195 个）、化工行业（130 个）、交通运输（32 个）、采矿 / 矿产品（126 个）、金属生产（16 个）、燃料的飞逸性排放（固体燃料、石油和天然气）（48 个）、碳卤化合物和六氟化硫的生产和消费产生的逸散排放（22 个）、废物处置（626 个）、造林和再造林（71 个）共 12 类，其中废物处置项目占比 6.96%，为 CDM 机制下的第二大项目类型。建筑业、溶剂使用、农业领域暂无碳信用项目登记。

VCS 碳信用机制的项目类型包括能源工业（1625 个）、能源分配（10 个）、能源需求（332 个）、制造业（32 个）、化工行业（15 个）、建筑业（4 个）、交通运输（18 个）、采矿 / 矿产品（31 个）、金属生产（3 个）、燃料的飞逸性排放（固体燃料、石油和天然气）（33 个）、碳卤化合物和六氟化硫的生产和消费产生的逸散排放（6 个）、废物处置（162 个）、造林和再造林（520 个）、农业（276 个）共 14 类，其中造林和再造林占比 16.95%，为 VCS 机制下的第二大项目类型。溶剂使用暂无碳信用项目登记。

GS 碳信用机制下的项目类型包括能源工业（1219 个）、能源需求（1209 个）、制造业（8 个）、化工行业（2 个）、建筑业（2 个）、交通运输（10 个）、废物处置（82 个）、造林和再造林（43 个）、农业（7 个）共九类，其中能源工业与能源需求并重，分别占比 47.21% 和 46.82%。

GCC 碳信用机制下的项目类型由能源工业（408 个）和废物处置（4 个）两类组成，以能源工业为主。

而 ACR 碳信用机制下，能源工业项目类型占比较低，仅为 2.46%。项目类型以造林和再造林（194 个）、碳卤化合物和六氟化硫的生产和消费产生的逸散排放（163 个）两种类型为主；此外，还包括采矿 / 矿产品（52 个）、制造业（51 个）、废物处置（39 个）、交通运输（36 个）、能源工业（14 个）、农业（7 个）、化工行业（4 个）、燃料的飞逸性排放（固体燃料、石油和天然气）（2 个）、金属生产（1 个），碳捕集与封存作为新增项目类型，项目注册量为 5 个，共计 12 类。能源分配、能源需求、建筑业以及溶剂使用四个领域尚无项目注册。

CAR 碳信用机制的项目类型中造林和再造林（343 个）、废物处置（281 个），以及碳卤化合物和六氟化硫的生产和消费产生的逸散排放（129 个）项目注册量居于前三，化工行业（9 个）、农业（5 个）、采矿 / 矿产品（5 个）则占比极小。

CCER 机制下的项目类型包括能源工业（2660 个）、造林和再造林（99 个）、废物处置（59 个）、采矿 / 矿产品（56 个）、交通运输（8 个）、制造业（7 个）、能源需求（3 个）、燃料的飞逸性排放（固体燃料、石油和天然气）（2 个）、建筑业（2 个）和金属生产（1 个）共计 10 类，除能源工业以外的 9 类占比均低于 5%。

在 7 类碳信用机制的项目分类基础上，进一步对中国在各碳信用机制下的项目类型进行了统计分析，如图 4-5 所示。

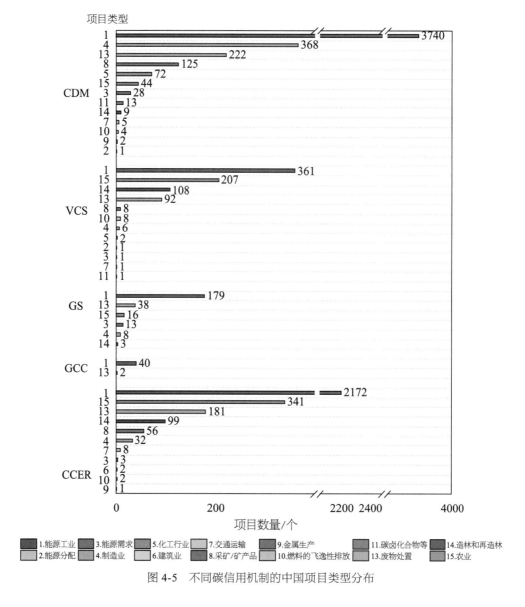

图 4-5　不同碳信用机制的中国项目类型分布

CDM 机制下的中国碳信用项目共计 4633 个，项目类型包括能源工业（3740个）、制造业（368 个）、废物处置（222 个）、采矿 / 矿产品（125 个）、化工行业（72 个）、农业（44 个）、能源需求（28 个）、碳卤化合物和六氟化硫的生产和消费产生的逸散排放（13 个）、造林和再造林（9 个）、交通运输（5 个）、燃料的飞逸性排放（固体燃料、石油和天然气）（4 个）、金属生产（2 个）和能源分配（1 个）共 13 类。能源工业占比为 80.73%，居首位，其次为制造业，占比为 7.94%，其他 11 类项目类型占比皆低于 5%。

VCS 机制下的中国碳信用项目共计 796 个，项目类型包括能源工业（361 个）、农业（207 个）、造林和再造林（108 个）、废物处置（92 个）、采矿 / 矿产品（8 个）、燃料的飞逸性排放（固体燃料、石油和天然气）（8 个）、制造业（6 个）、化工行业（2 个）、能源分配（1 个）、能源需求（1 个）、交通运输（1 个）和碳卤化合物和六氟化硫的生产和消费产生的逸散排放（1 个）共 12 类。能源工业占比为 45.35%，居第一位，其次为农业，占比为 26.01%。

GS 机制下的中国碳信用项目共计 257 个，项目类型包括能源工业（179 个）、废物处置（38 个）、农业（16 个）、能源需求（13 个）、制造业（8 个）和造林和再造林（3 个）共六类。能源工业占比为 69.65%，其次为废物处置，占比 14.79%。

GCC 机制下的中国碳信用项目共计 42 个，项目类型包括能源工业（40 个）和废物处置（2 个）两类，能源工业占比 95.24%。

CCER 机制下的中国碳信用项目共计 2897 个，项目类型包括 11 类，数据如本节上述关于 CCER 碳信用项目类型分布情况分析。

综上，全球环境下，能源工业在 CDM、VCS、GS、GCC 和 CCER 碳信用机制下的项目类型中占比最高，ACR 和 CAR 碳信用机制下造林和再造林居首位。中国在 CDM、VCS、GS、GCC 和 CCER 碳信用机制登记的项目类型中，能源工业的数量最多。

4.3 碳信用预测与签发量

4.3.1 碳信用项目预计减排量

如图 4-6 所示，截至 2022 年 9 月，碳信用机制 CDM、VCS、GS、GCC、CCER 项目预计年减排量依次为 1 068 982 498、1 725 913 201、194 863 066、

61 245 072、309 112 974 吨 CO_2e，总计 3 360 116 811 吨 CO_2e。其中，中国各碳信用机制下的预计年减排量在全球中贡献率分别为 57.5%、7.0%、9.2%、6.8% 以及 100%，总计 1 065 881 515 吨 CO_2e，约占全球碳信用项目预计年减排量的三分之一，在全球碳减排市场中有望发挥重要作用。图 4-7 对不同碳信用机制下预计减排量排名前 10 的国家进行统计，图 4-8 对我国各省级行政区可统计的预计年减排量进行分析。

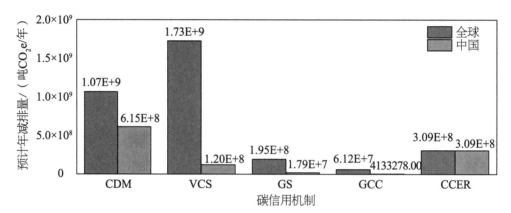

图 4-6　不同碳信用机制的预计年减排量

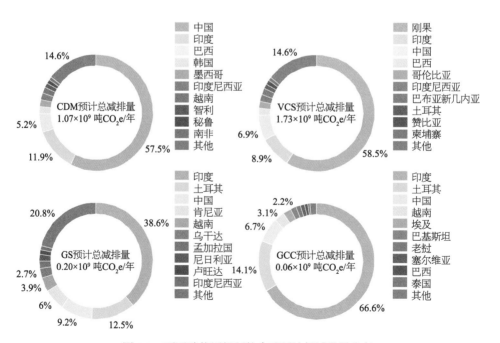

图 4-7　不同碳信用机制的全球预计年减排量分布

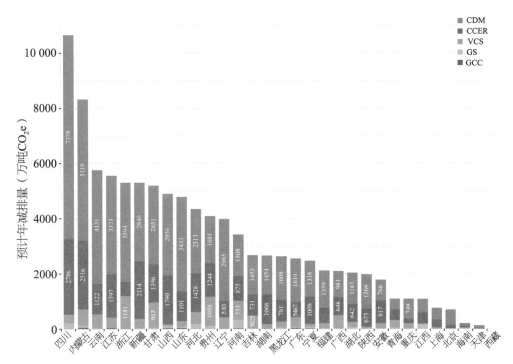

图 4-8 不同碳信用机制的中国各省级行政区预计年减排量分布

CDM 碳信用机制下，中国预计年减排量居世界之首，为 614 797 008 吨 CO_2e，其后依次为印度（127 273 788 吨 CO_2e）、巴西（55 843 538 吨 CO_2e）、韩国（21 216 774 吨 CO_2e）、墨西哥（21 191 735 吨 CO_2e）、印度尼西亚（19 497 389 吨 CO_2e）、越南（18 427 987 吨 CO_2e）、智利（13 123 879 吨 CO_2e）、秘鲁（10 983 039 吨 CO_2e）和南非（10 343 707 吨 CO_2e）；其他国家和地区共计为 156 283 654 吨 CO_2e，占 CDM 碳信用机制总预计减排量的 14.6%。

VCS 碳信用机制下，刚果预计年减排量为 1 010 382 384 吨 CO_2e，占 VCS 机制预计年减排量的 58.5%，其次为印度（153 830 653 吨 CO_2e），中国位居第三，为 120 447 276 吨 CO_2e，巴西（33 373 782 吨 CO_2e）、哥伦比亚（33 300 482 吨 CO_2e）、印度尼西亚（31 727 253 吨 CO_2e）、巴布亚新几内亚（31 610 017 吨 CO_2e）、土耳其（22 127 704 吨 CO_2e）、赞比亚（20 691 324 吨 CO_2e）、柬埔寨（16 833 228 吨 CO_2e）则以千万吨的预计年减排量排名世界前十；其他国家和地区共计为 252 134 141 吨 CO_2e，占 VCS 碳信用机制总预计减排量的 14.6%。

GS 碳信用机制下，印度的预计年减排量为 75 282 334 吨 CO_2e，占 GS 机制年减排量的38.6%，其后依次为土耳其（24 400 642 吨 CO_2e）、中国（17 936 022 吨 CO_2e）、肯尼亚（11 719 266 吨 CO_2e）、越南（7 614 864 吨 CO_2e）、乌干达（5 166 331 吨 CO_2e）、孟加拉国（3 869 660 吨 CO_2e）、尼日利亚（3 574 005 吨 CO_2e）、卢旺达（2 444 660 吨 CO_2e）和印度尼西亚（2 312 890 吨 CO_2e），约贡献 GS 碳信用机制预计年减排量的 79.2%；其他国家和地区共计为 40 542 392 吨 CO_2e。

GCC 碳信用机制下，印度的预计年减排量为 40 774 762 吨 CO_2e，占 GCC 机制预计年减排量的 66.6%，其后依次为土耳其（8 609 285 吨 CO_2e）、中国（4 133 278 吨 CO_2e）、越南（1 868 306 吨 CO_2e）、埃及（1 325 449 吨 CO_2e）、巴基斯坦（1 011 325 吨 CO_2e）、老挝（756 933 吨 CO_2e）、塞尔维亚（712 478 吨 CO_2e）、巴西（514 913 吨 CO_2e）、泰国（405 450 吨 CO_2e），其他国家和地区共计为 1 132 893 吨 CO_2e。

综上，在全球的碳信用机制下登记项目预计产生的年减排量是十分可观的。印度、中国、巴西和土耳其等国家在全球碳减排事业中做出了巨大贡献。

截至 2022 年 9 月，我国各省级行政区能统计到的预计年减排量信息的项目个数为 7228 个，预计年减排量总和为 9.97 亿吨 CO_2e，其中在 CDM 机制登记的项目预计产生的年减排量为 5.99 亿吨 CO_2e，以约 60% 的占比排首位；其次为 CCER 项目，预计产生的年减排量为 2.81 亿吨 CO_2e，占比约 28%；VCS、GS、GCC 三个机制下的项目预计年减排量分别约为 0.98 亿吨 CO_2e、0.17 亿吨 CO_2e、0.025 亿吨 CO_2e，减排量合计占总量的 12%。

从各省份预计的年减排总量来看，四川仍然以接近 1.1 亿吨 CO_2e 预计年减排量排在首位，其中占比最大的是来自 CDM 机制的项目，预计产生 7377 万吨 CO_2e 年减排量，其次来自 CCER 下的项目，预计产生 2786 万吨 CO_2e 年减排量。内蒙古以超过 8000 万吨 CO_2e 预计年减排量排第二，其中 CDM、CCER 和 VCS 下的项目将分别产生 5119.5 万、2516 万、598.8 万吨 CO_2e 年减排量。云南、江苏、浙江、新疆和甘肃各机制下项目产生的预计年减排量在 5000 万～6000 万吨 CO_2e；山西、山东、河北、贵州和辽宁各机制下项目产生的预计年减排量在 4000 万～5000 万吨 CO_2e；河南预计产生 3000 万～4000 万吨 CO_2e 减排量；预计年减排量在 2000 万～ 3000 万吨 CO_2e 区间内的省份较多，包括吉林、湖南、黑龙江、广东、宁夏、福建、广西、湖北、陕西；安徽、青海、重庆、江西这 4 个省份预计年减排量均在 1000 万～ 2000 万吨 CO_2e 之间；上海、北京、海南、天津、西藏预计年减排总量均在 1000 万吨 CO_2e 以下。

此外，项目类型是碳信用机制下影响减排量的重要因素之一，通过与本报告 4.2.3 节对比分析可知，不同碳信用机制下对行业类型侧重不同，例如能源工业是 CDM、VCS、GS、GCC 以及 CCER 碳信用机制发展的主要项目类型，废物处置、造林和再造林、能源需求也分别在 CDM、VCS、GS 项目机制发展中居于重要地位。ACR 碳信用机制则更侧重造林和再造林、碳卤化合物和六氟化硫的生产和消费产生的逸散排放领域的减排发展，CAR 碳信用机制下造林和再造林、废物处置，以及碳卤化合物和六氟化硫的生产和消费产生的逸散排放预期减排目标则更为紧密。图 4-9 和图 4-10 对全球和中国在各碳信用机制下项目类型的预计年减排量进行统计分析。

在 CDM 碳信用机制下，能源工业作为项目总量占比第一的项目类型，预计年减排量也位居首位，约 773 726 543 吨 CO_2e，碳卤化合物和六氟化硫的生产和消费产生的逸散排放虽项目个数较少（22 个），但其预计年减排量位居第二（82 205 718 吨 CO_2e），化工行业和废物处置的预计年减排量相当，分别为 59 836 536 吨 CO_2e 和 56 213 953 吨 CO_2e，其他项目类型的预计年减排量分别为采矿 / 矿产品 38 417 110 吨 CO_2e、燃料的飞逸性排放（固体燃料、石油和天然气）30 605 853 吨 CO_2e、制造业 13 724 172 吨 CO_2e、能源需求 4 536 596 吨 CO_2e、交通运输 3 731 914 吨 CO_2e、金属生产 3 433 384 吨 CO_2e、造林和再造林 2 232 923 吨 CO_2e、能源分配 317 796 吨 CO_2e。

在 VCS 碳信用机制下，造林和再造林预计年减排量达 1 258 712 100 吨 CO_2e，约为能源工业（238 189 825 吨 CO_2e）的 5.3 倍（而其项目总量占能源工业的 1/3），其他项目类型的年预计年减排量分别为能源需求 114 455 227 吨 CO_2e、农业 41 819 745 吨 CO_2e、废物处置 30 681 622 吨 CO_2e、燃料的飞逸性排放（固体燃料、石油和天然气）17 043 056 吨 CO_2e、碳卤化合物和六氟化硫的生产和消费产生的逸散排放 10 379 906 吨 CO_2e、化工行业 5 011 873 吨 CO_2e、采矿/矿产品 3 299 492 吨 CO_2e、制造业 2 934 685 吨 CO_2e、交通运输 1 812 863 吨 CO_2e、建筑业 890 931 吨 CO_2e、金属生产 405 360 吨 CO_2e、能源分配 276 516 吨 CO_2e。

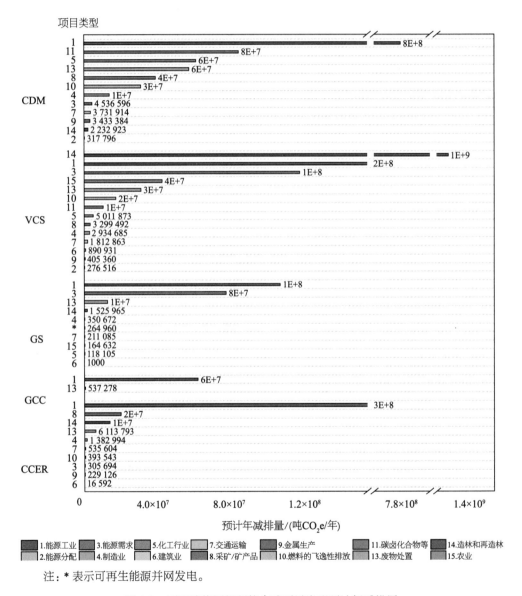

注：* 表示可再生能源并网发电。

图 4-9　不同碳信用机制的全球项目类型预计年减排量

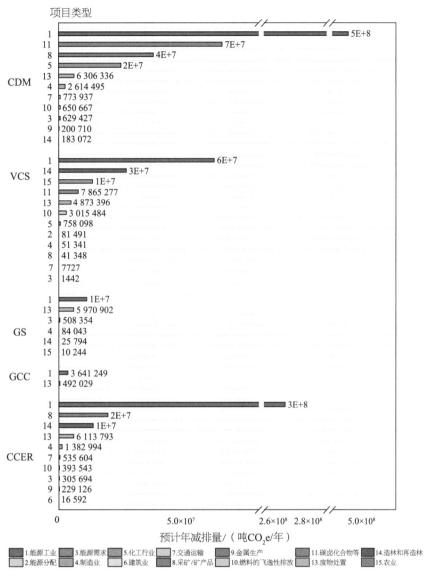

图 4-10 不同碳信用机制的中国项目类型预计年减排量

在 GS 碳信用机制下，能源工业、能源需求、废物处置、造林和再造林的预计年减排量与其项目总量呈正相关，分别为 104 626 051、75 483 075、12 647 441、1 525 965 吨 CO_2e，其他项目类型的预计年减排量分别为制造业 350 672 吨 CO_2e、交通运输 211 085 吨 CO_2e、农业 164 632 吨 CO_2e、化工行业 118 105 吨 CO_2e、建筑业 1000 吨 CO_2e。

GCC 碳信用机制下的能源工业的预计年减排量约为废物处置的 113 倍，分别为 60 707 793.67 吨 CO_2e 和 537 278 吨 CO_2e，而其对应项目数量也达 102 倍。

在我国，CDM 碳信用机制下的能源工业同样在项目总量和预计年减排量中占据主导地位，预计年减排量约为 474 758 714 吨 CO_2e，与全球规律一致。碳卤化合物和六氟化硫的生产和消费产生的逸散排放虽项目个数较少（13 个），但其预计年减排量位居第二（65 650 749 吨 CO_2e）。采矿/矿产品和化工行业的预计年减排量均达千万级，分别为 38 121 942 吨 CO_2e 和 24 902 880 吨 CO_2e。废物处置预计年减排量为 6 306 336 吨 CO_2e。制造业虽项目总量第二，但其预计年减排量相对较少，为 2 614 495 吨 CO_2e。其他项目类型的预计年减排量分别为交通运输 773 937 吨 CO_2e、燃料的飞逸性排放（固体燃料、石油和天然气）650 667 吨 CO_2e、能源需求 629 427 吨 CO_2e、金属生产 200 710 吨 CO_2e、造林和再造林 183 072 吨 CO_2e。

在 VCS 碳信用机制下，能源工业预计年减排量（62 565 109 吨 CO_2e）约为造林和再造林（27 036 525 吨 CO_2e）的 2.3 倍（能源工业的项目数量是造林和在造林的一半），农业的预计年减排量次之，为 13 604 995 吨 CO_2e，其他项目类型的预计年减排量分别为碳卤化合物和六氟化硫的生产和消费产生的逸散排放 7 865 277 吨 CO_2e、废物处置 4 873 396 吨 CO_2e、燃料的飞逸性排放（固体燃料、石油和天然气）3 015 484 吨 CO_2e、化工行业 758 098 吨 CO_2e、能源分配 81 491 吨 CO_2e、制造业 51 341 吨 CO_2e、采矿/矿产品 41 348 吨 CO_2e、交通运输 7 727 吨 CO_2e、能源需求 1 442 吨 CO_2e。

在 GS 碳信用机制下，能源工业、废物处置、能源需求、制造业、造林和再造林的预计年减排量与其项目总量呈正相关，分别为 11 336 685 吨 CO_2e、5 970 902 吨 CO_2e、508 354 吨 CO_2e、84 043 吨 CO_2e 和 25 794 吨 CO_2e，农业预计年减排量较少，仅为 10 244 吨 CO_2e。

GCC 碳信用机制下的能源工业的预计年减排量约为废物处置的 7 倍，分别为 3 641 249 吨 CO_2e 和 492 029 吨 CO_2e，而其对应项目数量则相差 20 倍。

CCER 碳信用机制下，能源工业的预计年减排量最多，为 266 637 940.2 吨 CO_2e，采矿/矿产品次之，为 19 640 113 吨 CO_2e，比造林和再造林的预计年减排量（13 857 575.2 吨 CO_2e）稍多，但为废物处置类型预计年减排量的 3 倍（6 113 793 吨 CO_2e，二者项目总量相当）。其他项目类型的预计年减排量分别为制造业 1 382 994 吨 CO_2e、交通运输 535 604 吨 CO_2e、燃料的飞逸性排放（固体燃料、石油和天然气）393 543 吨 CO_2e、能源需求 305 694 吨 CO_2e、金属生产 229 126 吨 CO_2e、建筑业 16 592 吨 CO_2e。

4.3.2 碳信用项目签发量

从各碳信用机制下的项目签发量来看，随时间变化签发总量均有所增加，如表 4-2、图 4-11 和图 4-12 所示。

表 4-2 近 18 年不同碳信用机制下的全球碳信用签发总量

年份	碳信用签发量 / 吨 CO_2e							
	CDM 全球	CDM 中国	VCS 全球	VCS 中国	GS 全球	GS 中国	GCC 全球	GCC 中国
2005	103 732	0	0	0	0	0	0	0
2006	25 688 800	1 401 845	0	0	0	0	0	0
2007	76 688 300	24 390 600	0	0	0	0	0	0
2008	137 874 000	74 201 300	0	0	857 163	131 315	0	0
2009	123 427 000	73 933 100	20 732 000	5 529 616	1 371 993	420 394	0	0
2010	132 396 000	91 519 100	24 104 300	9 987 217	2 964 535	1 281 394	0	0
2011	319 516 000	213 136 000	24 153 400	4 966 322	4 054 339	1 373 888	0	0
2012	339 394 000	224 843 000	33 844 500	9 671 995	7 194 989	1 686 789	0	0
2013	265 351 000	162 508 000	28 742 400	4 961 212	10 247 100	1 509 976	0	0
2014	103 935 000	41 897 300	17 940 000	2 493 476	14 970 500	2 024 873	0	0
2015	122 563 000	52 965 400	20 401 200	2 212 539	13 339 600	2 539 440	0	0
2016	130 465 000	63 213 600	18 137 500	2 274 904	13 124 400	2 467 812	0	0
2017	123 832 000	47 512 200	43 489 600	3 982 411	14 298 700	1 575 697	0	0
2018	78 732 700	16 642 800	49 565 800	3 413 140	19 474 600	2 376 330	0	0
2019	50 995 100	8 438 380	118 849 000	7 623 524	18 284 000	2 964 914	0	0
2020	70 930 900	14 168 000	140 374 000	22 238 800	34 512 600	4 337 398	0	0
2021	101 017 000	16 904 900	295 083 000	33 761 500	43 775 600	5 106 793	0	0
2022	107 542 000	31 040 900	138 363 000	29 088 300	27 283 900	4 390 926	375 164	0

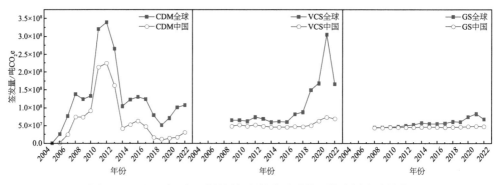

图 4-11　近 18 年不同碳信用机制的全球碳信用签发量变化趋势

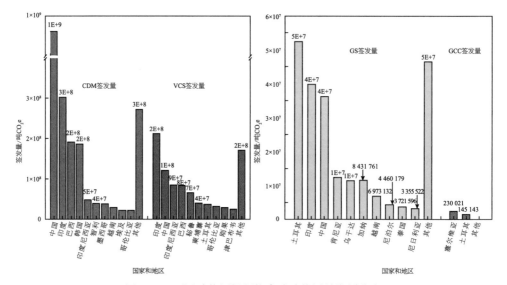

图 4-12　不同碳信用机制的全球碳信用签发量分布

其中，CDM 碳信用机制下项目签发量变化相对剧烈，在 2012 年签发量增加至最高点，而后逐渐降低并于 2019 年签发量最少，发展至今有上升趋势。在 CDM 碳信用机制下中国的项目签发量变化与全球变化趋势一致。VCS 碳信用机制下，截至 2016 年 VCS 机制的项目签发量变化相对平稳，于 2017 年签发量逐渐上升，在 2021 年 VCS 机制的项目签发总量显著最大，为 295 083 000 吨 CO_2e，中国在 2019 年后 VCS 机制的项目签发量也有明显上升。相较前两者机制的签发量变化，GS 机制下项目的签发量上升相对平缓，分别于 2013 年和 2021 年签发量同比增长各 42.4% 和 26.8%，而中国 GS 签发量仍居百万级。截至 2022 年 9 月，GCC 机制下全球仅有 4 个项目签发，签发量为 375 164 吨 CO_2e，中国项目在 GCC 机制下暂无签发量登记。

从全球范围来看，CDM 碳信用机制下中国的项目签发量达 11 亿吨 CO_2e，印度（302 365 099 吨 CO_2e）、巴西（191 445 640 吨 CO_2e）和韩国（186 251 439 吨 CO_2e）在 CDM 机制下的项目签发量紧随其后，也达到亿吨 CO_2e 级以上，剩余国家包括印度尼西亚（47 975 811 吨 CO_2e）、智利（39 240 484 吨 CO_2e）、墨西哥（38 634 399 吨 CO_2e）、越南（29 391 066 吨 CO_2e）、埃及（22 199 046 吨 CO_2e）、哥伦比亚（21 988 860 吨 CO_2e）在 CDM 机制下的碳信用签发量位居世界前 10，其他国家和地区碳信用项目签发量总计为 272 242 916 吨 CO_2e。

VCS 碳信用机制的项目中仅印度（212 190 935 吨 CO_2e）和中国（121 707 452 吨 CO_2e）的项目签发量达亿吨 CO_2e 级以上，剩余国家包括印度尼西亚（85 027 820 吨 CO_2e）、巴西（84 177 339 吨 CO_2e）、秘鲁（66 482 196 吨 CO_2e）、柬埔寨（39 941 155 吨 CO_2e）、土耳其（37 112 366 吨 CO_2e）、哥伦比亚（32 353 532 吨 CO_2e）、刚果（29 801 517 吨 CO_2e）、津巴布韦（25 170 642 吨 CO_2e）在 VCS 机制下的碳信用项目签发量排名世界前 10，其他国家和地区碳信用项目签发量总计为 170 825 489 吨 CO_2e。

GS 碳信用机制下的项目签发量排名前 10 的国家依次是土耳其（52 452 229 吨 CO_2e）、印度（39 848 577 吨 CO_2e）、中国（36 258 120 吨 CO_2e）、肯尼亚（12 671 456 吨 CO_2e）、乌干达（11 524 696 吨 CO_2e）、加纳（8 431 761 吨 CO_2e）、越南（6 973 132 吨 CO_2e）、尼泊尔（4 460 179 吨 CO_2e）、泰国（3 721 596 吨 CO_2e）和尼日利亚（3 355 522 吨 CO_2e），其他国家和地区碳信用项目签发量总计为 46 673 079 吨 CO_2e。

GCC 碳信用机制目前签发的项目主要来自塞尔维亚（230 021 吨 CO_2e）和土耳其（145 143 吨 CO_2e），签发量最少，总计 375 164 吨 CO_2e。

综上，截至 2022 年 9 月 30 日，在 CDM 机制下的项目签发量最大，2011—2013 年的项目签发量贡献率最多，其中 CDM 机制的项目签发量和项目总量均为 VCS 机制的 2 倍多。从近 4 年即 2019—2022 年来看，VCS 机制的项目签发量远大于 CDM 机制，表明 VCS 机制的项目签发量近年来有走高之势。在 GS 机制下，CDM 机制的项目签发量是 GS 项目签发量的 10 倍，但其项目数量仅为 GS 项目总量的 3.4 倍，表明在未来 GS 签发量有望大幅增加。从国家和地区方面来看，中国和印度在项目签发量和项目数量中均位居世界前三，在国际碳减排市场占有重要地位。

4.4 碳信用交易现状

4.4.1 国际现状

目前，自愿碳市场交易数据及信息的透明度较低，国际碳信用的交易数据主要来自 Ecosystem Marketplace 的研究报告 [1][2]。

（1）交易量和交易额大幅提升。随着《巴黎协定》的签署，全世界做出碳中和或净零排放承诺的公司数量大量增加。2021 年，自愿碳市场交投活跃度大幅上升，交易量和交易额井喷式增长，分别创下了历年的新高。如图 4-13 所示，据不完全统计，2021 年全球自愿碳市场交易量和交易额分别接近 5 亿吨 CO_2e 和 20 亿美元，相比 2020 年，分别增长 166% 和 282%；平均交易价格也接近 4 美元 / 吨 CO_2e，达到了 2013 年来的最高点，比 2020 年提高 43.53%。2006—2021 年的交易具体数据如表 4-3 所示。

表 4-3 历年交易数据统计表（2006—2021 年）

年 份	交易量 /10^6 吨 CO_2e	交易额 / 百万美元	单价 / (美元 / 吨 CO_2e)
2006	32	111	3.47
2007	70	359	5.13
2008	135	790	5.85
2009	107	485	4.53
2010	131	444	3.39
2011	100	602	6.02
2012	103	530	5.15

[1] Ecosystem Marketplace. Ecosystem Marketplace's State of the Voluntary Carbon Markets 2021 [R/OL], (2021-09-15) [2022-10-31]. https://www.ecosystemmarketplace.com/publications/state-of-the-voluntary-carbon-markets-2021/.

[2] Ecosystem Marketplace. The Art of Integrity Ecosystem Marketplace's State of the Voluntary Carbon Markets 2022 Q3 [R/OL]. (2022-10-15) [2022-10-31]. https://www.ecosystemmarketplace.com/publications/state-of-the-voluntary-carbon-markets-2022/.

续表

年　　份	交易量 /10^6 吨 CO_2e	交易额 / 百万美元	单价 / (美元 / 吨 CO_2e)
2013	68	339	4.99
2014	77	298	3.87
2015	84	278	3.31
2016	65	199	3.06
2017	46	146	3.17
2018	98	296	3.02
2019	104	320	3.08
2020	188	520	2.77
2021	500	1985	3.97

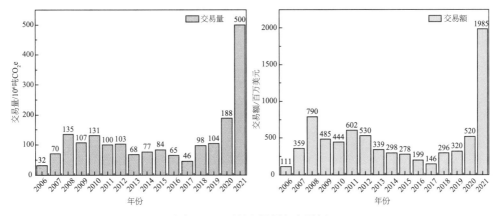

图 4-13　历年交易量与交易额

（2）不同类型项目交易量和交易价格差异显著。2020—2021 年，8 种大项目类别下共有 170 多个项目类型发生了交易，但是不同类型项目交易量和交易价格差异显著：①森林和土地利用类别量价双高。由于市场对于 NbS 类项目在促进生态系统修复、保护生物多样性方面的作用的认可，2021 年森林和土地利用类项目交易量比 2020 年增加了 4 倍，达到 2.277 亿吨 CO_2e，占 2021 年自愿碳市场总交易量的 46%，高于 2020 年的 28% 的市场份额；价格也相对较高，达到 5.8 美元 / 吨 CO_2e，仅低于农业类别。②可再生能源。就交易量而言，可再生能源类别在 2021 年仍是主要交易类型，交易量 2.114 亿吨 CO_2e，占比 42% 以上，但相对交易价格较低，仅 2.26 美元 / 吨 CO_2e，尽管比 2020 年上涨 1.18 美元 / 吨 CO_2e，但仍低于平均价格。③化学和工业制造。2021 年交易量强劲增长，由 2020 年的 180 万吨增长为 1730 万吨 CO_2e，主要来自 CDM、ACR 和 CAR 机制。④家庭 / 社区设备。2021 年交易量 800 万吨 CO_2e，其中 50% 的项目为清洁炉灶配送项目，由于其在提供社区 / 家庭福祉方面的特别作用，项目价格相对较高，达到 5.36 美元 / 吨 CO_2e。⑤能效提升 / 燃料转换类。与其他类型趋势相反，2021 年交易量大幅下降，由 2020 年的 3090 万吨 CO_2e 降为 1090 万吨 CO_2e，价格也相应降低，仅为 1.99 美元 / 吨 CO_2e。⑥废弃物处理。2021 年交易量 1140 万吨 CO_2e，其中 36% 为填埋气项目，有 63% 位于美国，平均价格 3.62 美元 / 吨 CO_2e。⑦交通类。尽管与其他类别相比，市场份额仍较低，但 2021 年的交易量比 2020 年增加 5 倍，并带动价格上涨。⑧农业类。尽管与 2020 年相比，价格有所回落，但仍远高于其他类别，达到 8.81 美元 / 吨 CO_2e。各主要项目在 2020 年和 2021 年的交易统计如图 4-14 和表 4-4 所示。

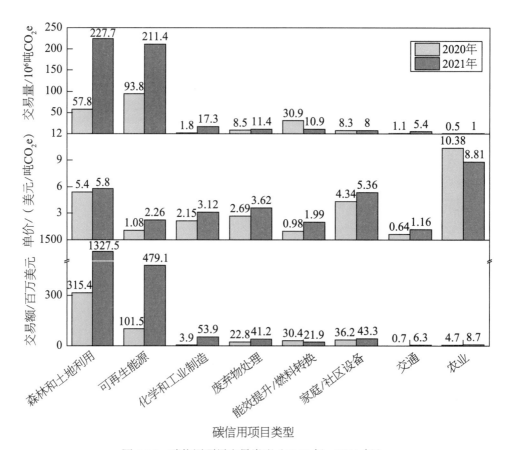

图 4-14 碳信用项目交易类型（2020 年、2021 年）

表 4-4　主要类型项目交易数据统计（2020 年、2021 年）

项目类型	2020 年			2021 年		
	交易量 / 10^6 吨 CO_2e	单价 / （美元 / 吨 CO_2e）	交易额 / 百万美元	交易量 /10^6 吨 CO_2e	单价 / （美元 / 吨 CO_2e）	交易额 / 百万美元
森林和土地利用	57.8	5.4	315.4	227.7	5.8	1327.5
可再生能源	93.8	1.08	101.5	211.4	2.26	479.1
化学和工业制造	1.8	2.15	3.9	17.3	3.12	53.9
废弃物处理	8.5	2.69	22.8	11.4	3.62	41.2
能效提升 / 燃料转换	30.9	0.98	30.4	10.9	1.99	21.9
家庭 / 社区设备	8.3	4.34	36.2	8	5.36	43.3
交通	1.1	0.64	0.7	5.4	1.16	6.3
农业	0.5	10.38	4.7	1	8.81	8.7

（3）具有非碳环境和社会效益的项目价格更高。与单纯只有碳效益的项目相比，叠加其他环境、社会协同效益的项目碳信用价格更高，这些项目或者从一开始就纳入黄金标准计划或 Vivo 计划，或根据第三方碳标准（如 CCB 标准、SD VISta）要求进行附加验证。2020 年、2021 年，黄金标准项目的加权平均价格从每吨 CO_2e 3.74 美元上涨到每吨 CO_2e 5.05 美元，上涨了 35%；Vivo 计划的价格也从 2020 年的 8.13 美元 / 吨 CO_2e 上涨至 2021 的 9.34 美元 / 吨 CO_2e，涨幅为 15%。Vivo 计划的大部分交易量（79%）来自造林、再造林和植被重建（Afforestation, Reforestation and Revegetation, ARR）项目。使用最多的碳信用附加认证标准是 CCB，2020 年、2021 年，其数量增加了 277%，从 1740 万吨 CO_2e 增加到 6590 万吨 CO_2e，价格也从 4.57 美元 / 吨 CO_2e 上涨到 5.25 美元 / 吨 CO_2e。2021 年，SD VISta 项目的碳信用交易价格为 4.43 美元 / 吨 CO_2e，高于 2020 年的 3.96 美元 / 吨 CO_2e，交易量从 2020 年的 5.50 万吨 CO_2e 增加到 453 万吨 CO_2e。

4.4.2　我国现状

我国自愿碳市场于 2013 年正式开市，截至 2021 年底，根据各交易所公布的官方数据，CCER 累计交易量 4.41 亿吨 CO_2e，平均 0.49 亿吨 CO_2e/ 年。从整体交易情况看，主要呈现出以下特点：

（1）国内碳信用整体交易量低，活跃度差。国内自愿碳市场中，截至 2021 年底，上海交易量最高，达到 1.70 亿吨 CO_2e，广东、天津和北京次之，交易量分别为 0.73 亿吨 CO_2e、0.64 亿吨 CO_2e 和 0.45 亿吨 CO_2e，交易量最低的是重庆，仅 0.02 亿吨 CO_2e。截至 2022 年 9 月 30 日，CCER 累计成交量 4.48 亿吨 CO_2e，上海交易量 1.73 亿吨 CO_2e，广东、天津和北京分别成交 0.73 亿吨 CO_2e、0.65 亿吨 CO_2e 和 0.46 亿吨 CO_2e（见表 4-5）。

表 4-5　中国碳信用项目累计交易量（2021 年、2022 年）

交 易 所	截至 2021 年底累计交易量 / 吨 CO_2e	截至 2022 年 9 月 30 日累计交易量 / 吨 CO_2e
北京	45 412 145	45 553 394
天津	63 624 894	65 372 910
上海	170 411 900	173 084 638
福建	14 817 700	14 826 998
广东	72 524 382	72 559 920
深圳	28 627 243	29 145 621
湖北	9 085 652	9 110 417
重庆	2 239 714	2 299 714
四川	34 172 445	35 899 008
总计	440 916 075	447 852 620

（2）年度交易量增长明显。根据各交易所公布的官方数据，受全国碳市场开市影响，2021 年 CCER 交易量大幅提升，达到 1.75 亿吨 CO_2e，比 2020 年高 178.45%，由此带来 2021 年成交量占比达到 39.45%（见表 4-6）。

表 4-6　中国碳信用项目年度交易量（2020 年、2021 年）

交 易 所	2020 年年度交易量 / 吨 CO_2e	2021 年年度交易量 / 吨 CO_2e	2021 年交易量比 2020 年增加比例 /%	2021 年交易占比 /%
北京	1 853 498	19 433 659	948.49	42.79
天津	19 100 138	42 766 929	123.91	67.22
上海	20 918 631	60 711 592	190.23	35.63
福建	5 143 837	2 487 530	−51.64	16.79
广东	12 528 459	17 576 106	40.29	24.23
深圳	764 327	10 175 282	1231.27	35.54
湖北	600 000	1 431 698	138.62	15.76
重庆	0	2 239 714	/	100.00
四川	1 876 340	18 005 909	859.63	52.69
总计	62 785 230	174 828 419	178.45	39.65

（3）CCER 下的碳信用交易价格相对较低。根据北京绿色交易所历年 CCER 交易数据，2015—2019 年，受供需不平衡影响，CCER 价格一度低于 10 元 / 吨 CO_2e；2020 年，"双碳"目标提出，市场信心获得一定程度恢复，CCER 平均价格提高到 14.14 元 / 吨 CO_2e；而 2021 年，全国碳市场允许使用 5% 比例 CCER 抵消，需求大幅增加，加之 CCER 之前处于暂停状态，供应受限，导致 CCER 下碳信用交易平均价格提高到 35.80 元 / 吨 CO_2e，且仍呈上升趋势（见图 4-15、表 4-7）。

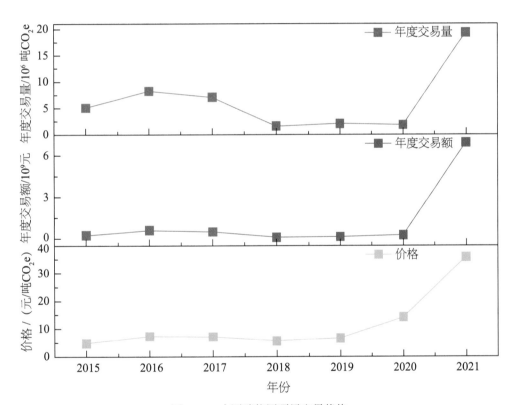

图 4-15　中国碳信用项目交易趋势

表 4-7　中国碳信用项目交易量及交易额发展趋势

年　份	年度交易量 / 吨 CO_2e	年度交易额 / 元	价格 / (元 / 吨 CO_2e)
2015	5 124 969	24 446 976	4.77
2016	8 277 105	60 363 754	7.29
2017	7 093 135	50 223 549	7.08
2018	1 645 973	9 143 785	5.56

年　　份	年度交易量 / 吨 CO_2e	年度交易额 / 元	价格 /（元 / 吨 CO_2e）
2019	2 078 805	13 598 060	6.54
2020	1 863 504	26 357 106	14.14
2021	19 353 654	692 808 623	35.80

4.5　小结

本章主要从不同维度对国内外碳信用机制下的碳信用项目进行了比较和分析。首先从机制本身出发，总览其方法学、接收项目类型等特点；其次从项目的角度，对项目数量、项目类型、项目位置、项目签发量以及项目预计减排量等信息进行总结分析。研究发现，全球范围内，CDM 机制的项目发行量最大，涵盖的项目类型全面，其次为 VCS 机制，同时能源工业项目在碳信用项目中占据主导地位。2022 年，全球一半以上的国家（共计 169 个国家）都发行了碳信用项目，在 4 种机制下，印度、中国、土耳其、巴西、西班牙和越南等国家的碳信用项目发行量占主导地位。综上，全球碳信用机制下产生的预计年减排量十分可观，印度、中国、巴西和西班牙等国家在全球碳减排事业中做出了巨大贡献。中国在项目数量、签发量以及预计减排量等方面，在全球自愿碳市场中始终占主导地位，能源工业类的项目占比最大，能源上的减排空间较大，清洁能源和能源转型等能源方面的发展相对成熟。建筑业上的减排效果比较滞后，不仅项目数量少，也没有任何签发量。另外，从空间地域来看，四川、内蒙古、云南在自愿碳市场中比较活跃，项目数量和预计减排量都名列前茅，并且四川以 2000 万吨 CO_2e 的预计年减排量遥遥领先，未来或将成为国内最大的减排省份，在自愿碳市场中具有巨大发展潜力。

碳信用发展趋势与建议

5.1 全球碳信用发展面临的挑战

碳信用市场供过于求，流动性差，价格失调。从碳信用市场发展现状看，随着"碳中和"需求的增加，2021年市场规模较2020年有所增长，交易量和交易额分别接近 5 亿吨 CO_2e 和 20 亿美元，增长比例分别达到 166% 和 282%；但相对于全球碳排放权交易市场近 150 亿吨 CO_2e 的交易量和近 8396 亿美元的交易额，碳信用市场规模及流动性严重不足，这是因为供应过剩，且没有建立有效的可在全球范围进行交易的市场。这也导致市场中碳信用的平均价格仅为 3 ~ 5 美元 / 吨 CO_2e，远低于世界银行 2017 年高级别委员会的建议价格。国内碳信用的价格更是由于需求不足而一度低于 20 元 / 吨 CO_2e。据估计，实现 1.5℃的目标需要 50 ~ 100 美元 / 吨 CO_2e 的价格水平[①]，但在目前的供需关系和流动性前提下，很难达到这一价格水平，也无法解决各个区域价格参差不齐的问题。因此，进一步提升碳信用需求，扩大市场规模、增强活跃度及维持合理的价格将是碳信用市场发展面临的一大挑战。

碳信用质量及可信度差，统一评价体系缺失。碳信用质量是确保市场健康持续发展的关键，但不同碳信用机制执行细节和力度不同，导致项目质量缺乏一致性，可比性差；评估内容的复杂性导致评估流程长且困难，而信息的缺乏加剧了评估过程的困难程度；评估过程的透明性不足，无法完全实现数据的不可篡改及溯源，可信度低。因此在实践过程中，如何准确评估项目，筛选出满足要求的高

① World Bank Group. State and Trends of Carbon Pricing 2020 [R]. Washington, DC: World Bank, 2020.

质量项目，仍面临多方面的挑战。据不完全统计，国际上并行的碳信用机制由于彼此间缺乏互通互认，各自形成了不同类型的碳信用产品，对应不同的交易体系，导致市场长期以来存在分散、多元、不透明等问题，增加了交易成本，降低了交易效率，严重制约了碳信用市场发展。部分国际组织（如 TSVCM、CORSIA 等）已经意识到问题的重要性，正在致力于建立全球统一、高透明度、高流动性的碳信用市场。同时，各大交易所也在逐步推出标准化的碳信用产品，尝试解决可信度问题，但对不同利益主体诉求的平衡和满足仍难以解决。

碳信用的额外性、脆弱性和基线评估审查复杂。额外性及基准线是碳信用项目开发及减排量计算的关键，为此机制管理机构制定了严格的论证识别流程及方法，但由此也导致过程复杂。以额外性论证为例，标准的建立对于地区、行业及项目相关的政策、市场和技术发展等方面的专业性要求较高，需要提供具有公信力的法律法规和工业规范、行业调研报告、官方统计资料、市场信息、银行证明及专家独立评估报告等作为支撑文件，论证项目可能存在的财务、融资、技术和认知等方面的障碍，这大大超出了相关人员的能力。另外，目前典型碳信用开发，从开始开发到第一笔减排量签发，通常需要经历项目备案和减排量备案两个阶段，项目设计文件（Project Design Document, PDD）编制、审定、项目评估、备案、监测报告（Monitoring Report, MR）编制、核证、减排量评估和签发等 8 个环节，耗时至少 10 个月，费用至少数十万美元，由此带来的不确定性风险成为项目开发和融资的极大障碍。

5.2　全球碳信用发展趋势

碳信用将在全球减碳事业中发挥越来越大的作用，这也为碳信用的发展提出更多的要求，形成同时符合减碳愿景和减碳行动的发展趋势。未来碳信用市场将加速一体化，强化区域碳交易市场的链接，并通过机构、组织及协会的加快融合促进这一过程的发展；有效的评价体系是保证碳信用高质量发展的基础，科学的方法学的建立更是重中之重，因此全球将进一步完善并拓新方法学，加快评价机制的建设与示范；科学技术将持续为碳信用发展赋能，尤其是数字化领域技术的应用将大大提高碳信用发展的速度与质量。

5.2.1 碳信用市场加快融合

全球性碳信用交易场所建设加快。在《巴黎协定》的背景下，各个国家及机构建立起适合自己区域特征的碳信用机制来满足消费市场需求。据公开报道显示，预计到 2030 年全球碳减排量可能达到 15 亿～ 20 亿吨 CO_2e；到 2050 年，年需求可能达到 70 亿～ 130 亿吨 CO_2e。据此估计，2030 年全球市场的规模在 50 亿～ 300 亿美元，甚至可能达到 500 亿美元[①]，但全球错综繁复的碳信用机制产生了监管难、流通性差和交易过程不透明等问题。为此，越来越多的国家和组织希望建立全球性的碳交易所，解决流通性问题，使碳市场更加规范，便于监管，迎接未来爆发式增长的交易规模。

欧洲能源交易所（EEX）于 2022 年 5 月 24 日宣布，旗下北美 Nodal 交易所拟推出碳信用产品，计划于下半年在欧洲市场上市，并择机自建全球性统一交易所。同年，EEX 母公司宣布投资区块链碳信用交易所 ACX，通过其将全球分散的碳信用市场与 EEX 成熟的交易平台相连接，为现货和期货碳信用市场提供简化的解决方案。气候影响力交易所（Climate Impact X, CIX）[②]是由新加坡与渣打银行牵头组建，推出的全球性碳信用交易所，该平台已进行碳信用组合的试验性拍卖。国际碳行动伙伴组织（International Carbon Action Partnership, ICAP）发布的《2022 年度全球碳市场进展报告》[③]指出，根据公开信息报道，2022 年有 7 个全球性碳信用交易所正在建设或计划中，全球化已成为碳交易市场的一大趋势。

区域碳交易市场链接加强。国际碳排放权市场链接方式主要有单向、双向和间接三种，其中单向和双向链接属于直接链接。理论上，全世界排放权市场的链接可以最大限度降低减排的总成本，链接的紧密程度直接反映到减排成本。《巴黎协定》第六条规定各国可以通过国际合作的方式实现其自主贡献目标，短期内通过建立区域碳交易市场链接，可提升减排贡献，也为未来建立全球统一市场提供经验。

① 21 经济网. 2030 年全球自愿减排市场规模可达 500 亿美元，CCER 有望成我国参与国际碳市场的排头兵 [EB/OL]. (2022-07-12) [2022-10-31]. https://www.21jingji.com/article/20220602/herald/1d7d55a91e58c740922c2bc4ea7cd26a.html.
② Climate Impact X[EB/OL]. (2022-05-30) [2022-10-31]. https://www.climateimpactx.com/.
③ International Carbon Action Partnership. Emissions Trading Worldwide: 2022 ICAP Status Report [R/OL]. (2022-05-29)[2022-10-31]. https://icapcarbonaction.com/en/publications/emissions-trading-worldwide-2022-icap-status-report.

碳信用作为排放权市场的重要补充，其替代配额履约方式将有效降低减排成本。通过联合履约机制及抵消排放方式，将构建不同区域市场"间接"链接，形成全球降低排放的协同效应，反映自愿碳市场对低成本减排的贡献，充分激发市场潜力。

机构协会组织融合加快。国际机构协会作为行业意见领袖、标杆，其在碳减排上做出的努力会使效果翻倍，如号召重点企业加入减排队伍。同时，其减排举措会使全球各行业效仿，并加入减排行列，进而发挥重要作用。目前国际协会在航空领域的举措是值得所有行业学习的模板。

ICAO 于 2016 年采纳了国际航空碳抵消和减排计划（CORSIA），CORSIA 作为全球性行业中第一个基于碳信用市场推出全球性合作的国际航空碳抵消和减排计划[1]，旨在充分考虑组织成员国在特殊条件和各自能力不同的情况下，统一确定减少国际航空排放标准的计划，并通过使用碳信用来抵消无法进一步减少的排放量。截至 2022 年 6 月，已有 107 个国家宣布加入 CORSIA[2]。另有 8 个国家（柬埔寨、古巴、密克罗尼西亚联邦、伊拉克、马尔代夫、圣文森特和格林纳丁斯、东帝汶和津巴布韦）宣布于 2023 年 1 月 1 日加入。

ICAO 曾公开表示，将中国 CCER 列入 CORSIA 计划使用的碳信用品类，这将使得我国碳信用市场与国际其他已列入机制形成互联。通过国际行业机构协会形成的互联融合作用，将进一步推动全球性碳信用市场的建立与发展。

5.2.2 碳信用评价体系稳步建立

方法学不断完善与拓新。对于碳信用项目的基本要求是真实、长期、可测量、具有额外性及可核证性，科学的方法学是实现这些要求的基础与依据，但随着市场不断发展，外部环境发生变化，方法学存在的问题也逐渐暴露。一是部分方法学不再适应新的经济社会发展要求，额外性逐步减弱，无效方法学增多；二是部

---

① International Civil Aviation Organization. 2019 Environmental Report [R/OL]. (2020-01-15) [2022-10-31]. https://www.icao.int/environmental-protection/Pages/envrep2019.aspx.
② 王华玲. 2022 年国际航空碳抵消和减排计划（CORSIA）实施进展 [EB/OL]. (2023-02-02) [2022-05-30]. https://finance.sina.com.cn/esg/2023-02-02/doc-imyehpts6649973.shtml.

分方法学监测复杂，基线情景发生变化，调整与更新频率加快；三是基于自然的解决方案（NbS）和 CCUS 行业发展的共识提高，围绕此类型新增方法学数量增多。

2022 年 8 月，Verra 发布了最新的生物炭减排方法学[①]，生物炭项目开发商可以产生碳信用以吸引融资。该方法学于 2020 年首次被提出，Verra 表示"如果在全球范围内大规模部署，生物炭可以为减缓气候变化做出巨大贡献"。碳信用项目逐步关注具有可持续发展标签的领域，正加快发展，与可持续发展相关的标签越多，项目价格越高。此方法能够激励市场提高碳信用的质量。

评级机制逐步建立与示范应用。碳信用项目类型较多，质量识别难度大，一方面给用户选择带来困难，另一方面也对价格产生巨大影响。因此需要统一完善的评级机制进行识别，既可直观反映项目质量，又可对碳信用价格进行指引，促进真实、高效市场的发展。

Sylvera 是一家总部位于英国的初创公司[②]，使用机器学习分析各种视觉数据（如卫星图像和激光雷达），为可持续发展企业、碳交易商和政府提供碳信用评级服务。

CCQI 是由环境保护基金会（EDF）、WWF 等机构发起成立，提供有关碳信用质量的公开信息的平台，便于用户快速识别碳信用质量。同时，可对碳信用进行评级，促进市场上碳信用的质量不断提升[③]。

5.2.3　技术引领碳信用发展

随着越来越多的国家、组织自愿承诺"零碳排放"，国际社会对于碳信用的质量提出了更高要求，并达成初步共识，如碳信用应具有更强额外性和更显著脆弱性，具有更广泛社会、环境及经济协同效益，更符合地区可持续发展要求等。这也要求我们利用更先进的技术来实现这一目标。运用信息化技术，如区块链、卫

---

① Verra. Methodologies [EB/OL]. (2022-05-30) [2022-10-31]. https://verra.org/methodologies-main/.

② Sylvera [EB/OL]. (2022-05-30) [2022-10-31]. https://www.sylvera.com/.

③ Carbon Credit Quality Initiative [EB/OL]. (2022-05-30) [2022-10-31]. https://carboncreditquality.org/.

星遥感、人工智能、大数据与云计算等，有效推动建立覆盖全球的碳交易网络，扩宽交易渠道。

1. 区块链技术

碳信用市场与区块链技术融合发展不断加快。利用区块链技术可以释放高价值、低流动性碳信用的价值，为实体经济提供新的融资渠道和机会，可以帮助碳信用市场实现信息统计、数据确权的设想，实现碳信用市场长足发展与进步。

区块链碳信用市场概念自诞生之日起就引起广泛的关注，经历多次变革和创新，目前已发展到 3.0 阶段，各大区块链碳交易场所（Regen、AirCarbon 等）推陈出新，实现了大量优质的碳信用上链，加快全球碳信用市场融合。截至 2022 年 8 月，全球区块链碳信用流通规模超过 5000 万吨 CO_2e，区块链化将是未来支撑碳信用市场发展的重要技术。

2. 卫星遥感监测

卫星正在成为支持碳信用市场的重要工具。遥感技术作为温室气体监测、碳源碳汇评估、清洁能源评估及预测和空间规划等的有效手段，是时空天地一体化业务体系的重要组成部分。结合卫星遥感监测，可有效提升区域和背景尺度温室气体监测能力。

2014 年，国际对地观测卫星委员会（Committee on Earth Observation Satellites, CEOS）发布了《天基碳观测战略》。同一年，美国发射了 OCO-2 碳监测卫星。2019 年，美国又将 OCO-3 卫星部署到国际空间站上，与 OCO-2 协同工作。欧洲也在"哥白尼"对地观测计划的资助下，研制了一个用于二氧化碳监测的大规模 Sentinel 卫星。法国国家太空研究中心（Centre National d'Etudes Spatiales）与英国合作开展一个项目名为 Microcarb 的卫星气候监测项目[①]。2016 年，中国科研团队成功发射碳卫星，2021 年，基于卫星观测数据发布了全球碳通

---

① Centre National d'Etudes Spatiales. CNES and UKSA Join Forces to Curb Climate Change [EB/OL]. (2017-04-19) [2022-05-30]. https://presse.cnes.fr/en/cnes-and-uksa-join-forces-curb-climate-change.

量数据集 ①。未来碳信用的核算与监测将随着卫星跟踪系统的发展而不断进步，谁能掌握最新最强的技术，谁就能在碳信用市场中拥有更多的主导权。

3. 大数据与人工智能

随着信息化、数字化时代来临，大数据感知、人工智能识别等新方法在提高碳排放数据质量方面发挥积极作用。技术应用可以实现月频度、日频度及实时的碳排放动态监测核算，不仅能缩短计量分析周期、提高计量精度，还能降低计量成本，提高计量效率。通过对不同区域、不同主体的碳排放数据进行分析，能够动态跟踪碳排放变化趋势。通过对碳排放与碳捕捉、碳封存联系结果进行分析，能够实现对 CO_2 全生命周期变动的监测追踪，例如结合地理与生态环境的变化对碳排放和碳吸收水平的演化规律进行分析，反演大气中 CO_2 浓度值和浓度变化趋势，实现对碳排放和碳吸收的全面精准计量。

标准普尔与环境投资公司 Viridios Capital 合作，利用人工智能技术建立碳信用指数，该模型已经在全球 2 万多个碳项目进行训练，旨在提高快速增长的信用市场的价格透明度。

4. 数字化 MRV

MRV 是碳排放的量化与数据质量保证的过程，包括监测（Monitoring）、报告（Reporting）、核查（Verification）三个过程，是碳信用市场得以正常运行的关键机制。MRV 过程具有多个步骤，需将监测的碳排放结果报告给经认可的第三方，验证减排量和颁发碳信用额，该过程通常昂贵、耗时且容易出错，因为它依赖于人为手动信息记录或调查。因此，数字技术被用于简化 MRV 中数据收集、处理和质量控制流程，越来越多的国家开始使用数字 MRV 系统和流程，这些系统和流程最终可以使它们更容易找到脱碳途径并实现《巴黎协定》的目标。

MRV 系统的数字化也将使碳信用市场发挥更好的作用。虽然《巴黎协定》自下而上的性质为各国实现气候目标提供灵活性，但也会导致不同国家和市场参与者的数字化 MRV(D-MRV) 系统复杂性和多样性增加。D-MRV 系统的广泛应

① 人民网. 排放监测"碳卫星"（科技大观）[EB/OL]. (2022-02-09) [2022-05-30]. http://env.people.com.cn/n1/2022/0209/c1010-32348344.html.

用以及因此得到简化的 MRV 流程将大大提高未来碳信用市场的效率。采用可靠的 D-MRV 来跟踪温室气体排放，将有利于扩大碳信用市场规模并提高其透明度。

5.3 我国碳信用发展建议

对国内碳信用市场而言，除了面临上述的全球性挑战以外，还存在基于自身特点的挑战。受限于发展经验及监管要求，我国碳信用市场面临着组织机构不完善、管理体系不健全、能力建设不足、数据基础薄弱、参与主体及供需结构与交易方式单一、金融创新有待加强等问题。基于上述挑战及问题，结合全球的碳信用发展趋势，在国内 CCER 重启的关键时刻，为更好推动国内碳信用市场发展，提升 CCER 项目质量，引导社会资金更多投向应对气候变化领域，助力国家双碳目标实现，提出如下建议：

（1）加强组织管理体系建设。构建国家、省、市三级行政管理体系，明确职责分工，强化国家主管机关政策制定、制度建设和监督管理职责，加强省、市在碳减排项目建设上的真实性、管理合规性、运营规范性及政策强制性等方面的审查监督作用；构建由第三方审定核证机构、专家委员会和监督指导委员会构成的质量管理体系；加强第三方审定核证机构管理，提高审定核证机构独立评价能力，健全准入标准和保证金制度，加强相关资质的认定申请；强化过程监督监管，建立完善的机构、人员、程序、数据、底稿等监管规定，充分利用常规检查、不定期抽查、督查等方式，评估审定核证机构管理体系、技术能力和工作流程等满足要求；加强对审定核查机构绩效监测评估，构建完善的监测评估指标体系及评估方法，强化评估结果应用，建立严格的惩戒机制；推动建立 CCER 项目评估专家委员会，优化项目备案及减排量备案机制，变行政审批制为专家审核制，加强 CCER 项目专家库建设及监督管理。

（2）强化完善制度体系建设。强化制度保障，加快形成一套以全国碳排放权交易管理条例为根本、以《温室气体自愿减排交易管理办法》及生态环境部相关管理制度为重点、以交易所交易规则为支撑的"1+N+X"政策制度体系，做到有章可循，保障自愿碳市场交易的平稳、长期运行；完善标准方法体系，充分借鉴国际碳信用机制经验，建立更为具体完善的项目合格性及额外性论证、审定核证要求等标准，规范相关管理，确保一致性及公平性；加强现有方法学梳理、分析及评估，结合低碳新技术发展应用情况，推动方法学修订和完善扩大，以适应新的发展形势和中国实际；加强社会诚信体系建设，建立严格有效的惩戒机制，提高不合规管理代价。

（3）推进有效市场体系建设。加强高质量CCER供给，强化评级体系建设，推动建立高质量CCER标准，并参照VCS、GS等独立机制，建立多类型附加标签制度，以区分相同项目的其他属性并客观反映项目质量；建立基于项目质量的CCER分类定价机制，推进高成本、高质量CCER项目可持续发展；完善CCER供需及价格机制，加强事前CCER供需分析，强化事中CCER供需监测，确保CCER供需平衡；强化CCER价格发现机制建设，在确保碳市场安全平稳的前提下，适时扩大市场规模，增加参与主体，丰富市场产品，为更好推动自愿碳市场良性发展发挥作用；设定最低价格机制作为保障，同时辅以配额拍卖及回购机制，确保碳信用价格的真实性和稳定性；建立CCER时效机制，建议已签发CCER项目在3～5年内使用或报废。

（4）推动技术支撑体系建设。充分发挥政策支持机构、科研院所、行业协会及设计单位作用及优势，加强行业相关研究，简化、优化行业额外性及基准线论证，推进行业基准线、标准化基准线、行业技术白名单建设；加强减排项目数据库及数字评估系统建设，充分发挥大数据分析在提高额外性评估效率和准确性上的作用；促进物联网（Internet of Things, IoT）、人工智能、移动和网络应用以及分布式账本技术（Distributed Ledger Technology, DLT）的协同应用，开展关键MRV流程的自动化和数字化探索，缩短开发时间，降低开发成本，提高一致性、准确性、真实性及透明性。

（5）加强国际合作体系建设。加强国际政策协同，建立公开透明的项目信息平台，强化信息公开，推进不同信用标准（含绿电、绿证）的数据共享，增强对于关键数据（如项目名称、地理位置、项目业主等信息）的直接检索功能，有效减少重复计算；积极关注国际统一碳市场发展，主动参与国际碳信用标准制定及定价形成，加强与国际碳市场的互联互通，推进一致性碳信用标准及一体化碳信用市场建设，推动CCER国际化。

附录 A

区块链技术在碳信用市场的应用

A.1 区块链技术应用背景

区块链技术已被建议作为提高碳信用市场效率、可行性和完整性的重要技术手段。联合国气候变化框架公约秘书处也公开表态支持区块链相关技术在碳信用市场中的应用研究[①]，因此碳信用市场的区块链潜力受到媒体和机构的广泛关注[②]。

公共区块链是数字资产状态不可更改且防篡改的共享账本[③]。链上信息可永久地、公开地被记录，虽然任何人不能进行更改或编辑，但可以查看或是加入账本记录。公共区块链可以保存交易和资产所有权的详细信息，类似银行分类账。区块链技术对于碳信用市场的主要作用归纳如下。

A.1.1 增强信息透明度

区块链碳交易模式下，所有碳交易相关信息基于区块链分布式账本技术，被分散保存到多个节点，构成一条数据链，避免中心化节点对信息真实性的过度干预。同时，数据链上分布的信息由所有参与主体共同维护，各授权用户都有权查询碳

① United Nations Framework Convention on Climate Change (UNFCCC). UN Supports Blockchain Technology for Climate Action [EB/OL]. (2018-01-22) [2022-10-31]. https://unfccc.int/news/un-supports-blockchain-technology-for-climate-action/.

② Jemma Green. Solving The Carbon Problem One Blockchain At A Time [EB/OL]. (2018-09-19) [2022-10-31]. https://www.forbes.com/sites/jemmagreen/2018/09/19/solving-the-carbon-problem-one-blockchain-at-a-time/.

③ Shell Global. Blockchain Technologies [EB/OL]. (2022-05-30) [2022-10-31]. https://www.shell.com/energy-and-innovation/digitalisation/digital-technologies/blockchain.html.

交易和碳排放历史信息，实现了数据的集体监督，极大地增强了信息公开性和透明度。此外，区块链上的信息在加盖时间戳后即具有了历史追溯功能，实现了碳信息的跟踪、溯源，加大了信息造假的成本和难度。

A.1.2　降低监管及执行成本

区块链交易模式下，分布式记账的数据存储方式可以减少对中心节点的依赖，在集体监督和可追溯性的情况下，弱化了监管机构的作用，有效降低了监督机构的建设和运营成本。在交易过程中，"智能合约"的应用省去了中间机构的撮合环节，将大大提高交易效率，增强碳交易市场活力。

A.1.3　促进全球碳价形成

传统碳交易环境下的中心化会有很大的区域限制，从而使地区间碳价差异逐渐增大。将区块链技术引入碳交易，会扩大交易范围，并且随着全民监督的共享式碳交易平台的建立，可以为传统碳排放权交易提供数据溯源、防篡改、分布式参与、去中心化数据存储和数据查看的新功能，为开放与合理的碳交易环境提供技术支撑。

A.2　区块链技术发展历程

近年来，区块链技术在碳信用市场的应用不断趋于成熟，本节围绕全球公开报道项目进行梳理及分析，按照时间脉络，根据技术成熟度、发展规模等条件，将区块链技术在碳信用市场的应用划分为试点探索阶段、爆发增长阶段和合规发展阶段，并阐述各个阶段对应的主要挑战。

A.2.1　试点探索阶段（2016—2020 年）

从 2016 年开始，开发人员便致力于将区块链技术用于电力可再生属性或碳信用跟踪，实现自动发行和交易。但当时由于多数项目尚处于早期，技术方案不成熟与市场接受度不高，后续发展并不理想。典型代表有以下几个：

NASDAQ 是首个探索分布式分类账技术的全球证券交易所[①]，其在 2016 年成功进行了绿色能源证书（Renewable Energy Certificate, REC）交易试点；而区块链公司 Filament 为光伏发电企业发行 REC，并基于 NASDAQ 的 Linq 平台在线交易。Volts Markets 使用智能合约通过能源资产交换平台自动发布和跟踪可再生能源证书[②]。Veridium 已经推出了一个基于以太坊的平台，用于通过其代币 TRG 交易碳信用额和自然资本资产[③]。DAO IPCI 是一家总部位于俄罗斯的公司，拟基于区块链和智能合约为碳和环境资产提供交易解决服务。据 DAO IPCI 称，由于当前的碳信用分散在多个注册管理机构及交易平台，他们旨在开发一种开源的区块链解决方案，创建一个不可篡改、可信赖且去中心化的平台，从而使得碳信用交易与跟踪更加清晰及溯源更加方便[④]。CarbonX 项目通过使用区块链技术来激励可持续和环保的消费者行为。CarbonX 根据其碳足迹评估各种产品和服务，告诉用户合理的能源行为，而其用户可以使用平台代币（GOODcoins）实现碳中和状态，进一步激发了信用市场的潜力[⑤]。Grid Singularity 总部位于奥地利，是 Energy Web 基金会的创始成员[⑥]，其建立目的是为能源部门提供多种区块链解决方案，包括绿色证书的交易[⑦]。Power Ledger 也开发了区块链的碳交易用例[⑧]。

A.2.2　爆发增长阶段（2021—2022 年）

随着自愿碳信用市场的活跃，区块链自愿碳信用市场进入"2.0时代"，从

① Michael del Castillo. Nasdaq Explores How Blockchain Could Fuel Solar Energy Market [EB/OL]. (2016-05-19) [2022-10-31]. https://www.coindesk.com/markets/2016/05/18/nasdaq-explores-how-blockchain-could-fuel-solar-energy-market/.
② Volt Market. Blockchain [EB/OL]. (2022-05-30) [2022-10-31]. https://voltmarkets.com/blockchain/.
③ Indigo Advisory Group. Blockchain in Energy & Utilities [EB/OL]. (2022-05-30) [2022-10-31]. https://www.indigoadvisorygroup.com/blockchain.
④ DAO IPCI, Decentralized autonomous organization Integral platform for climate initiatives Whitepaper. Tech. rep. [R/OL], (2018-05-31) [2022-10-31]. https://ipci.io/wp-content/uploads/2018/06/WP_5.0-2.pdf.
⑤ CarbonX Personal Carbon Trading Inc. CarbonX [EB/OL]. (2022-05-30) [2022-10-31]. https://www.carbonx.ca/.
⑥ Energy Web [EB/OL]. (2022-05-30) [2022-10-31]. https://www.energyweb.org/.
⑦ Grid Singularity [EB/OL]. (2022-05-30) [2022-10-31]. https://gridsingularity.com/.
⑧ Power Ledger. Power Ledger White Paper [R/OL]. (2022-05-30) [2022-10-31]. https://www.powerledger.io/company/power-ledger-whitepaper.

2021 年底开始有了一个爆发式增长。为促进碳信用交易，引入去中心化自治组织（Decentralized Autonomous Organization, DAO）、可再生金融（Regenerative Finance, ReFi）等概念，并利用区块链技术来构建相应的基础设施。购买的碳信用在核发平台内将被注销，然后以新代币的形式上链进行记录和验证。在结合区块链技术的交易市场中，代币将被公开和安全地存储，然后可以像任何其他加密资产一样被购买和交易，以期吸引以前对碳信用不感兴趣的潜在买家。其中 Toucan、C3、KlimaDAO 和 Moss 作为体量较大的项目引发了较大的关注。

1. Toucan

Toucan[①] 是把产生于不同类型项目的相关碳信用汇集在一起并借助区块链技术进行碳信用发行，构成一个以碳减排项目为中心的 Web3 堆栈的基础设施。Toucan 项目的核心是 TCO_2（Tokenized CO_2，二氧化碳代币化），每个 TCO_2 代币代表一个经过验证的真实世界碳信用单位。TCO_2 是半可替代的、具有链上编码的针对不同项目赋予的独特信息。这些代币经过 Verra 验证，将 Toucan 与重要的碳补偿标准之一联系起来。发起人将不同机制下的碳信用通过 Toucan 平台进行上链后，即可获得 BCT（TCO_2 名称）。不同机制碳信用代币对应于不同币池，可由开发人员自由构建堆栈或功能模块。

2. C3

C3[②] 将自己定位为 ReFi 标杆项目。其通过 API 接口使碳信用快速上链，为希望参与基于区块链碳市场的用户提供便捷、高效及无须监管的"一站式"服务，进而释放区块链及碳信用市场潜力。C3 拟利用现有的区块链框架和标准，提供一个未经许可且可供所有参与者访问的参考智能合约集合，从而帮助用户降低智能合约开发的门槛和复杂性，以更加高效地释放区块链技术和碳信用市场的潜力。

区块链生态系统与不同的参与者进行碳桥接活动。C3 桥的机制与现有桥接解决方案的工作方式相同，不同之处在于 C3 可以访问主要碳信用机制（ACR、

---

① Toucan. Tokenized carbon credits solve key market issues[EB/OL]. (2022-05-30) [2022-10-31]. https://toucan.earth/.
② Crypto Carbon Credit. C3: Carbon on-Chain [EB/OL]. (2022-05-30) [2022-10-31]. https://www.c3.app/.

CAR、Plan Vivo、Verra 和 GS），并发行普通型和基于自然型（NbS）两种补偿代币。

3. KlimaDAO

Klima[1] 锚定现实碳信用发行碳信用代币，并赋予 DAO 组织形式运行的项目。通过映射 Toucan 平台 BCT 池发行 Klima 代币，完成代币销售和注销（实现碳补偿），进而提高碳信用价格。同时，也对持有 Klima 代币的用户授予项目治理权限，如碳信用项目类型选择、碳信用产生年份要求（2016 年后碳信用）等。

4. Moss

Moss[2] 是为亚马逊及周边热带雨林项目发行碳信用代币（MCO2）和基于气候治理权益的 NFT 项目。其依靠代币化的概念来实现碳补偿和激励碳减排。MCO2 代币采用以太坊 ERC-20 技术标准实现，并可在 Coinbase 等交易所交易。MCO2 代币与 C3、Toucan、Klima 等项目中 NbS 的碳信用代币并无差异，其代表一吨 CO_2 减排量形成的碳信用。Moss Amazon NFT 代表了亚马逊区域每 1 公顷土地的权属，将这部分土地在区块链上进行数字化标定，形成非同质化代币结构，用于跟踪及流通。通过代币化的销售，获得收益，用于土地保护。

然而，随着关注度和"链上"碳信用规模的增长，对于区块链质疑的声音越来越大。许多"链上"项目实际并没有改善环境的低质量、长期休眠的类型和状态。同时，市场价格波动剧烈，在传统的碳信用发行人和买家中引起了轻微的恐慌。2022 年 5 月 25 日，Verra 和 GS 注册机构宣布禁止将注销的该机制下碳信用用于转换为加密代币，并公开征求意见，明确要求进行严格了解您的客户（Know Your Customer, KYC）审查。

A.2.3　合规发展阶段（2022 年至今）

AirCarbon 和 Regen 等项目的发展代表着区块链碳信用市场的"3.0 时代"开

---

[1]　Klima. KlimaDAO [EB/OL]. (2022-05-30) [2022-10-31]. https://www.klimadao. finance/en.

[2]　MOSS Earth. MOSS [EB/OL]. (2022-05-30) [2022-10-31]. https://mco2token.moss. earth/.

始，主要体现在：一是碳减排项目注册与碳信用交易结合，用户可以在平台上注册碳信用项目，也可以买卖碳信用；二是全流程区块链技术应用，区别于 2.0 时代仅用于交易环节，3.0 时代将注册与登记信息进行了链上存储及验证。同时对碳信用质量要求更为严苛，仅接收基于自然的（NbS）项目类型，又满足近五年内形成减排量注册。

AirCarbon 交易所通过帮助阿布扎比的金融部门实现完全的碳中和而受到广泛关注。作为交易所，AirCarbon Exchange 采购碳抵消项目并将其标记为几种不同的代币，每种代币都针对市场的特定部门量身定制。这种灵活的登记注册方式促进了碳信用代币的商业化发展。

Regen Registry 是 Regen 的注册平台，用户可以在注册平台注册高质量碳信用项目，买家要购买区块链碳信用则要购买生态系统服务信用并激励世界各地的土地管理者进行碳封存、改善生物多样性等。交易信息将全部记录在区块链上。

元宇宙绿色交易所（MetaVerse Green Exchange, MVGX）是一家于 2018 年成立于新加坡的交易所，由新加坡金融管理局授权并监管，建立在云端架构和区块链基础上，并使用 NASDAQ 引擎，是第一家面向元宇宙时代的合规持牌绿色数字资产交易所。MVGX 交易的产品主要包括两大类别：资产支持通证（Asset Backed Token，ABT）和碳中和通证（Carbon Neutrality Token，CNT）[1]。

Sweetgum Labs 枫香树碳中和区块链实验室于 2022 年成立于美国硅谷[2]，致力于搭建去中心化的碳普惠生态。通过区块链技术，连接企业和个人，进行碳排放及一系列环境足迹的记录和洞察。其核心产品是一款名为 OFFSET 的去中心化手机应用，能够连接各类智能绿色能源设备，例如特斯拉电动汽车、谷歌智能家居设备等，帮助个人和企业进行 7×24 小时的实时碳足迹记录，对绿色行为进行奖励，为企业搭建新一代企业社会影响力基础设施。

---

[1]　ESGzh. 为元宇宙时代打造的合规绿色数字资产交易所：元宇宙绿色交易所（MetaVerse Green Exchange, MVGX）[EB/OL]. (2022-05-30) [2022-10-31]. http://www.esgzh.com/ETS/1688.html.

[2]　Sweetgum labs [EB/OL]. (2022-05-30) [2022-10-31]. https://www.sweetgumlabs.com/.

A.2.4　区块链技术应用当前面临的挑战

挑战一：无法验证碳信用质量

2022 年，由来自数百家公司和可持续发展机构的专家组成的碳补偿工作组因为无法就定义高质量项目达成一致而被迫缩减工作量。与此同时，许多已经启动的减碳计划也被质疑其可行性。《时代》杂志的一项研究发现，目前的重新造林计划需要近 140 万平方英里的种植面积才能实现其既定目标，这几乎是美国大陆的一半面积。即使所有这些树都被种植了，也无法保证它们的长期影响。尽管加密工具和代币本质上不具有欺诈性，但"链上"项目的质量无法通过区块链技术进行跟踪及确认，部分长期处于休眠状态的碳信用以及卤代烃、水电类项目的碳信用进入市场，给市场带来大量低质量产品，引起了巨大争议，也将碳信用质量问题推向风口浪尖。

挑战二：损害环境权益完整性

加密工具和代币增加了可能损害环境完整性的途径，主要包括：双重发行，即发行的加密工具或代币比相应数量的底层碳信用多；双重使用，即多次使用加密工具或代币以抵消排放；属性剥离，即从底层碳信用中抽象剥离出来，这样加密工具和代币的持有者在底层延缓项目的行为可能会被忽视；能源消费，即创建和交易加密工具或代币的行为可能会导致巨大的能源碳足迹。关于代币的能源消费，美国总统拜登在 2022 年 3 月签署了一项行政命令，要求研究数字资产对气候的潜在影响。包括区块链技术方 Toucan 成员在内的、以气候为重点的区块链委员会在回应信中承认区块链确实存在能源问题，并承诺到 2040 年使整个加密货币行业的温室气净排放量为零，部分业务将完全转向消费可再生能源。

挑战三：金融监管难度大

创建、营销和交易加密工具及代币的监管状态因当地法律而异，需要严格的尽职调查以确保遵守所有法律和监管要求。在加密工具或代币发行人或持有人破产的情况下，存在法律不确定性的一般问题。同时，由于链上碳信用的持有者为匿名方式，无法接受监管与审查，其存在的洗钱风险巨大，给区块链碳信用解决方案带来隐患。

A.3　基于区块链技术运行碳信用分析

A.3.1　发行规模

截至 2022 年 8 月，已经上链的碳信用总额达到 5000 万吨 CO_2e，其中可以参与区块链碳信用项目的传统碳信用机制有核证碳标准（VCS）、黄金标准（GS）、美国碳登记（ACR）、气候行动储备（CAR）。本文将对四个体量较大的区块链碳信用项目 C3、Moss、Regen 和 Toucan 进行数据分析。

图 A-1 分析了四个体量较大的区块链碳信用项目，截至 2022 年 8 月，总运行量已超 4500 万吨 CO_2e。Toucan 上线六个月，总运行量达到两千多万吨 CO_2e，成为现象级碳信用市场区块链项目。其他体量较大的项目是 2022 年最新融资上线的 Moss 和 Regen，其运行量都达到 Toucan 运行量的一半以上。

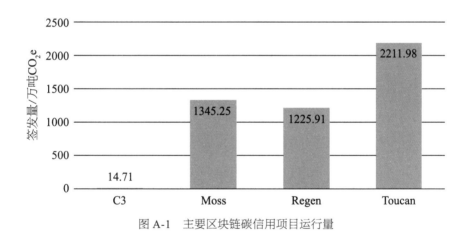

图 A-1　主要区块链碳信用项目运行量

A.3.2　项目类型分析

截至 2022 年 8 月，可以统计到的数据显示，在区块链碳信用市场中，碳项目主要涉及八个类别，下面从项目数量和项目签发量角度对项目类别进行分析。

1. 项目数量

图 A-2 中，Toucan 和 C3 项目主要集中在能源领域和农业领域，而 Moss 和 Regen 只有农业领域的项目。Regen 和 Moss 的总项目数量只有 3 ～ 4 个，Toucan 的总项目数达到了 180 个。

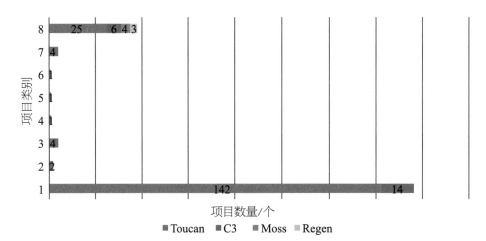

其中：1. 能源工业（可再生能源 / 不可再生能源）；2. 能源需求；3. 制造业；4. 化工行业；5. 燃料的飞逸性排放（固体燃料、石油和天然气）；6. 碳卤化合物和六氟化硫的生产和消费产生的逸散排放；7. 废物处置；8. 农业、造林及再造林

图 A-2　不同类别的项目数量

从图 A-3 可以看出，Toucan 的项目在能源工业领域占比 79%，其次在农业、造林及再造林领域较多，占比 13%。Toucan 的项目有很大一部分来源于天然气电网。

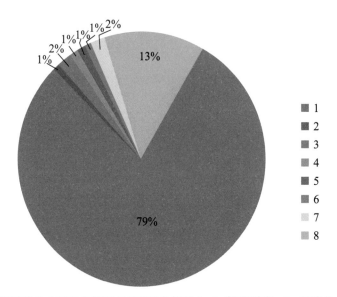

其中：1. 能源工业（可再生能源 / 不可再生能源）；2. 能源需求；3. 制造业；4. 化工行业；5. 燃料的飞逸性排放（固体燃料、石油和天然气）；6. 碳卤化合物和六氟化硫的生产和消费产生的逸散排放；7. 废物处置；8. 农业、造林及再造林

图 A-3　Toucan 的不同类别分析

2. 项目签发量

图 A-4 显示,虽然 C3 的项目数量较多,但项目实际的签发量很少,而 Moss 和 Regen 在农业和造林及再造林领域的项目数量虽然不多,但签发量很多,能够达到 1200 多万吨 CO_2e。Toucan 的签发量大部分存在于能源工业领域,达到了 1800 多万吨 CO_2e。

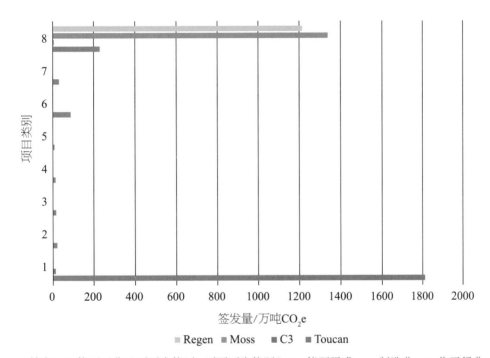

其中:1. 能源工业(可再生能源/不可再生能源);2. 能源需求;3. 制造业;4. 化工行业;5. 燃料的飞逸性排放(固体燃料、石油和天然气);6. 碳卤化合物和六氟化硫的生产和消费产生的逸散排放;7. 废物处置;8. 农业、造林及再造林

图 A-4　不同类别下的项目签发量

A.3.3　发行国家分析

截至 2022 年 8 月,4 个区块链碳交易网站上的碳交易项目来自 26 个国家,主要分布在亚洲、美洲和非洲地区。本节将根据项目数量和项目签发量对项目国家进行分析。

1. 项目数量

如图 A-5 所示，中国的项目总数是最多的，其后依次是印度、土耳其和巴西。中国和印度的项目主要在 Toucan 和 C3 上运行，项目集中在能源工业，如风电项目等。Regen 和 Moss 主要参与林业和农业项目，所以其运行的项目集中在秘鲁、刚果、肯尼亚和巴西这些有广阔雨林生态系统的地区，在这些地区，土地往往缺乏管理，通过买卖碳信用可以奖励当地居民，让他们减少砍伐树木，实现对林业碳汇更好的管理。

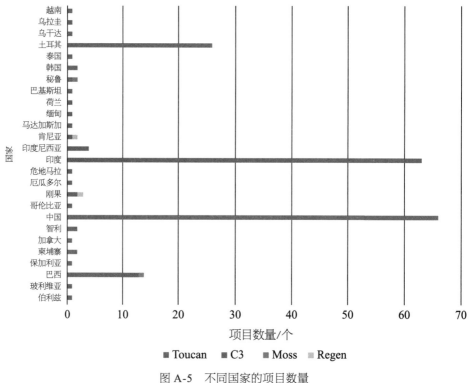

图 A-5 不同国家的项目数量

2. 项目签发量

从图 A-6 中可以看出，和项目数量不同，巴西的项目签发量最多，肯尼亚次之，这些国家拥有大面积的雨林，所以可以产生很多与农林相关的碳信用。在中国和印度主要是一些能源工业项目，总体产生的碳信用的量有限，其中天然气和电网电力替代项目产生了较多的碳信用。

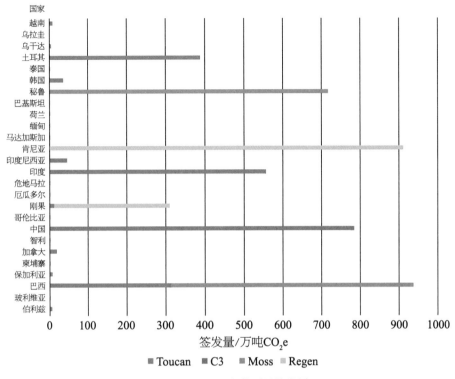

图 A-6   不同国家的项目签发量

Toucan 在中国的项目签发量达到了 700 万吨 CO_2e，在印度达到了 500 万吨 CO_2e 左右，均为其他国家的 6 ~ 7 倍，在美洲地区项目签发量整体较少。

A.3.4   签发时间分析

本节将对四个区块链碳交易网站上自 2009 年至 2022 年 8 月的项目数量和签发量进行分析。

1. 项目数量

如图 A-7 所示，2021 年是项目签发量最多的一年，这佐证了在 2021 年，利用区块链技术反映碳信用足迹的形式被广泛使用。

2. 项目签发量

如图 A-8 所示，2021 年签发碳信用量最大，约等于其他年份的总和。Toucan 项目 2021 年新增签发量超过 1800 万吨 CO_2e。

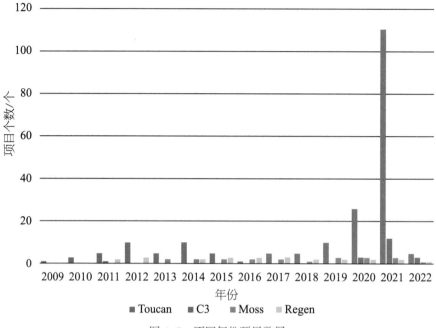

图 A-7　不同年份项目数量

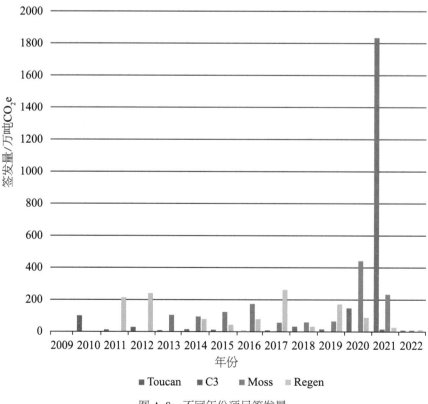

图 A-8　不同年份项目签发量

相比之下，90% 的 Toucan 信用额度的发行年份差异不超过 12 年。这是由大量较旧的水电替代项目和能源效率提升项目产生的信用额度造成的，这些信用额度的发行年份差异明显高于我们在正常注销时观察到的差异。

信用额度延迟发行的情况并不少见。这可能有很多原因，其中尤其重要的一点是在验证成本上，一次性验证多年会节约许多验证费用开销。每个信用额度都有发行费用，如果项目无法找到买家（这通常是有问题的信用额度导致的情况），那么支付费用以发放信用额度是没有意义的。

A.3.5　小结

数据分析显示，在 2021 年底区块链碳信用市场达到了爆发式的增长，增长到了 5000 万吨 CO_2e，使整个区块链显示出极度繁荣的局面。通过对项目种类和项目发行国家的数据统计，主要是对中国和印度的能源工业项目的梳理，暴露出区块链碳信用市场的一些缺陷，如缺乏单一的质量标准，许多次优项目即使无助于环境也可能最终受到重视等问题。

A.4　区块链技术应用展望

A.4.1　国际机构认可度提升

为了鼓励探索和最终使用区块链技术支持气候行动，联合国气候变化框架公约秘书处发起并创建气候链联盟，并为编写其原则和价值观章程 Charter of Principles and values 做出了贡献。同时，正式宣布与区块链碳交易所 ACX 展开合作，明确 CDM 登记处产生的碳信用可在其上进行交易 [①]，促进碳抵消。

2022 年 3 月，国际排放交易协会（IETA）发表关于区块链技术应用的观点，明确表达该技术在碳信用的监控、报告和验证（MRV）方面具有优势，支持使用

---

① Dhabi, Abu. UNFCCC partners with the AirCarbon Exchange to promote carbon offsetting [EB/OL]. (2022-05-30) [2022-10-31]. https://www.aircarbon.co/acx-unfccc-partnership.

分布式账本技术（DLT）作为存储及登记碳信用的工具^①。

欧盟能源环境交易巨头 EEX 母公司宣布投资 ACX，将分散的碳信用市场与
EEX 成熟的排放交易平台链接，为现货和期货碳信用市场提供简化的解决方案。

A.4.2　跨国巨头试点加快

微软与建立在 Cosmos 区块链上的 Regen Network 项目达成合作，用于跟踪、
报告及购买澳大利亚土壤封存碳信用。Regen Network 通过遥感技术跟踪封存在
澳大利亚南部两个牧场中的二氧化碳，总计封存量约为 43 338 吨。

Grexel 支持德国汉堡研究所（Hamburg Institut Research, HIR）作为其绿色
区域供热营销研究项目的注册系统服务商。该项目拟建立供暖和制冷的原产地保
证（Certificate of Origin, GO）区域试点系统，类似欧盟绿色电力跟踪系统，以
尝试潜在的最佳实践。项目是由德国联邦经济事务和能源部（Bundesministerium
für Wirtschaft und Klimaschutz, BMWi）资助的能源转型实验室 IW3 "Integrated
Heating Transition Wilhelmsburg" 的一部分^②。

GCC 机制开发机构 IHS Markit 表示，正在研究基于区块链技术的注册系统。
通过连接全球碳信用市场和注册系统，元宇宙注册将会增加"碳信用的透明和有
效跟踪，核算和全生命周期管理"，避免在不同市场间流通的"双花"效应^③。

A.4.3　市场监管不断加强

由于区块链碳信用市场存在欺诈性，如果不加强监管会存在洗钱、炒作等风
险，反而加重环境的负担。

---

① IETA. IETA Council Task Group on Digital climate markets – Key findings and recommendations [EB/OL]. (2022-05-30) [2022-10-31]. https://www.ieta.org/Digital-Climate-Markets-Resources.
② HASH 能源. Grexel 将为汉堡研究所试点项目建立区域供热和供冷跟踪系统 [EB/OL]. (2021-11-01) [2022-10-31]. https://www.sohu.com/a/498598591_120597874.
③ HASH 能源. IHS Markit 将启动区块链全球碳信用管理系统 [EB/OL]. (2021-03-11) [2022-10-31]. https://www.sohu.com/a/455148475_120597874.

根据 Verra 最新的咨询意见可以看出 ①，Verra 希望发行 VCU 支持的加密工具或代币的平台能够增加类似银行的 KYC 审查步骤。银行定义的 KYC 程序用于对客户的信息进行验证，确保其客户是真实的，并用来评估和监控风险。这些客户审查流程有助于防止和识别洗钱、恐怖主义融资和其他非法计划。

除此之外，Verra 还认为通过 Verra 注销 VCU 之后，继续在代币网站上流通将导致市场混乱：注销的目的旨在让代表环境效益的 VCU 永久退出市场。然而，注销 VCU 以创建加密工具或代币并非出于恶意动机，但却重新定义了注销的概念，将 VCU 从消费环境效益的工具变为将其转换为另一种仍未消耗的有效环境效益的工具。这种情况引发了 Verra 对声誉风险的深思，因为 VCU 一旦注销，按其基本原则将不再有资格进行交易。

Verra 提供了新的解决思路：账户持有人通过将 VCU 转移到 Verra Registry 中的专用固定子账户来锁定 VCU。加密工具或代币与基础 VCU 的关联将被 Verra 和加密工具的发行人记录并公示。Verra 需要来自代币化平台的交易信息，至少包括有关创建和使用 VCU 支持的加密工具或代币的信息。可能也需要加密工具或代币的细分化和 / 或它们在代币化平台上的持有者之间的转移信息。

---

① Verra. Verra Addresses Crypto Instruments and Tokens [EB/OL]. (2022-05-30) [2022-10-31]. https://verra.org/verra-addresses-crypto-instruments-and-tokens/.

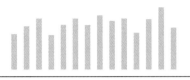

术语表

术　语	英文全称（缩写）	中 文 释 义
碳交易	Carbon Trade	《京都议定书》中为促进全球减少温室气体排放，以国际公法作为依据的温室气体减排量交易，即温室气体二氧化碳排放权交易
碳市场	Carbon Market	二氧化碳排放权交易市场
碳信用	Carbon Credit	由国际组织、独立第三方机构或者政府确认的标准或机制制定的规则、程序和方法学，对一个地区或企业的提高能源使用效率、降低污染或减少开发等温室气体、减排或者增汇项目经过开发、审定、核查、核证，签发可以进入碳市场交易的碳减排或碳移除计量单位。一单位碳信用相当于一吨二氧化碳当量（CO_2e）的减排量或碳移除
方法学	Methodology	由碳信用计划建立，用于量化项目的净减排量或清除量，通常由碳信用标准命名为基线和监测方法、工具、协议或方法指南
碳资产	Carbon Asset	碳排放权，视为"有价"属性的"流动资产"，包含碳配额和碳信用
碳配额	Carbon Allowance	排放权交易的单位和个人依法取得，可用于交易和重点排放单位温室气体排放量抵扣的指标
中国核证自愿减排量	Chinese Certified Emission Reduction (CCER)	符合生态环境部发布的温室气体自愿减排相关管理规定，在国家温室气体自愿减排交易注册登记系统中登记的温室气体自愿减排量
清缴	Allowance Surrender and Retire	重点排放单位每年应当向生产经营场所所在地省级生态环境主管部门提交不少于经核查的上年度碳排放量相对应的排放配额
履约	Compliance Obligation	第三方审核机构对控排企业进行审核，将其实际二氧化碳排放量与所获得的配额进行比较，配额有剩余者可以出售配额获利或者留到下一年使用，超排企业则必须在市场上买配额或抵消，并按照碳排放交易主管部门要求提交不少于其上年度经核查确认排放量的排放配额或抵消量

- 附录 B 术语表 **91**

续表

术　　语	英文全称（缩写）	中 文 释 义
额外性	Additionality	拟议的减缓项目、减缓政策或气候融资的减排项目活动所产生的项目减排量高于基线减排量的情形
指定政府主管部门	Designated National Authority (DNA)	缔约方要想参加 CDM 项目，需要设立负责监管 CDM 的指定国家主管机构
指定经营实体	Designated Operational Entity (DOE)	负责请求和实施碳交易机制项目活动的合格性、核实和核证温室气体（GHG）源人为减排量，以及向碳交易机制理事会提出申请审核减排量的独立实体。每个指定经营实体都是仅为从事某种碳交易活动而得到授权的，有可能是国有部门或国际机构
计入期	Crediting Period (CP)	项目情景相对于基线情景产生额外的温室气体减排量的时间区间。项目参与者应当将计入期起始日期选定在自愿减排项目活动产生首次减排量的日期之后，计入期不应当超出该项目活动的运行周期
碳捕集、利用与封存	Carbon Capture, Utilization and Storage (CCUS)	将二氧化碳从工业过程、能源利用或大气中分离出来，直接加以利用或注入地层以实现其永久减排的过程
碳足迹	Carbon Footprint	以二氧化碳排放当量表示人类生产和消费活动过程中排放的温室气体总排放量
碳汇	Carbon Sink/Carbon Sequestration	从空气中清除二氧化碳的过程、活动、机制。主要是指森林吸收并储存二氧化碳的量，或森林吸收并储存二氧化碳的能力
监测、报告和核查	Monitoring, Reporting and Verification (MRV)	根据制定的相关温室气体核算、报告的指南或方法学，完成相应区域、机构、组织或项目的温室气体排放和清除的量，监管或管理机构也可按相应的指南或方法学对其进行核查的过程